算法第一步
（Python版）

叶蒙蒙 著

电子工业出版社
Publishing House of Electronics Industry
北京·BEIJING

内容简介

本书针对零基础的初学者,以算法为核心,以编程为手段,最终的目的是培养读者的计算思维。

本书涉及大学计算机课程中程序设计、数据结构和计算机原理等多个领域的知识,从程序、编程和算法是什么入手;然后重点介绍了控制流程和数据结构,并针对数据结构的限制和实现剖析了现代电子计算机的基础:二进制和冯·诺依曼结构;最后重点介绍了经典算法的原理、过程和编程实现,以及其背后的算法策略。

为了使零基础的读者能够上手编程,本书从操作角度阐述了编程工具的使用和程序编写、运行、调试的过程。

未经许可,不得以任何方式复制或抄袭本书之部分或全部内容。
版权所有,侵权必究。

图书在版编目(CIP)数据

算法第一步:Python版/叶蒙蒙著. —北京:电子工业出版社,2021.1
ISBN 978-7-121-39127-9

Ⅰ. ①算… Ⅱ. ①叶… Ⅲ. ①软件工具－程序设计 Ⅳ. ①TP311.561

中国版本图书馆CIP数据核字(2020)第103188号

责任编辑:张月萍　　　特约编辑:田学清
印　　刷:北京富诚彩色印刷有限公司
装　　订:北京富诚彩色印刷有限公司
出版发行:电子工业出版社
　　　　　北京市海淀区万寿路173信箱　　　邮编:100036
开　　本:720×1000　1/16　印张:17　字数:372千字
版　　次:2021年1月第1版
印　　次:2021年1月第1次印刷
印　　数:4000册　　定价:89.00元

凡所购买电子工业出版社图书有缺损问题,请向购买书店调换。若书店售缺,请与本社发行部联系,联系及邮购电话:(010) 88254888,88258888。
质量投诉请发邮件至 zlts@phei.com.cn,盗版侵权举报请发邮件至 dbqq@phei.com.cn。
本书咨询联系方式:010-51260888-819,faq@phei.com.cn。

前　　言

笔者第一次接触编程是 20 世纪 80 年代，当时参加了宋庆龄儿童活动中心举办的一项编程体验活动，就是照着前面黑板上写的代码在现场的机器上敲一遍，然后运行。当时到底用的是什么语言已经记不清了，但是还记得花费了好大力气，摸索着敲了一遍完全不清楚其含义的字符串，然后按照说明运行，最终毫无动静。虽然请教了巡场的工作人员，但他们也不知道是什么问题，到离场时都没能让程序"跑"起来——难道，编程就是要用计算机"写"一堆"密码"吗？如果这堆密码"跑"起来了，又会是怎样的效果呢？

初次不成功的体验后，直到 20 世纪 90 年代中期，因为学校开设了计算机课，笔者才再度接触编程。老师在课堂上讲了一点 Basic 语言知识，编写的是 a+b=c 之类的程序，然后运行得出结果。笔者由此知道了编程语言，期末考试成绩也不错，但对于编程是什么，计算机能干什么，还是不明所以。国外的影视剧中用计算机能做生意，能管理企业，但我们编写的程序只能做算术题，这是为什么呢？

上大学后，除了编程语言，笔者还学习了"数据结构"、"计算机原理"、"计算机体系结构"、"编译原理"、"操作系统"和"软件工程"等专业课程，这才逐渐明白了"编程"这一表面现象背后的本质：算法是怎么回事，计算机是如何运行的，为什么我们输入的静态字符能够变成动态的程序，通过其"跑动"来满足人们的需求……并由此了解到编程其实就是实现算法的过程。

算法，才是编程的核心。

后来进入职场，成了程序员，十几年一路走来，始终在一线研发岗位，开发过不同类型的实践项目，在开发过程中不断学习、揣摩，才逐渐领悟到抽象算法和现实问题之间的关系：软件开发就是通过各种算法实现具体的业务逻辑，把繁杂的过程抽象化、可计算化的过程。

而软件开发工作背后的思维逻辑（将一个个具体的问题及其解决方案表达成计算机可以处理的形式，并设计计算的方式，将客观世界解释为一个复杂的信息处理过程）则被称为计算思维，其具体表现如下：

- 把一个大问题分解为一个个子问题，然后进一步分解为一个个子子问题……直到无须分解。
- 分别执行一个个最小规模的问题。

- 按照问题划分的结构将各个小问题的结果组成整个问题的结果。

也就是自上而下进行结构化的设计，遇到问题"分而治之，各个击破"。这种解决问题的方法并不是计算机专业独有的，完全可以脱离编程而存在，并且是各行各业都需要的：

- 准备一桌宴席应该怎么做？先确定总共有几道菜；然后购买原料，逐一烹调，装盘上桌——这是分而治之的过程。
- 创作一幅漫画应该怎么做？先确定故事背景、人物设置；然后构思主题、情节，绘制分镜头脚本；最后将每个分镜头的草图通过精描、上色等步骤绘制成成品图——这也是分而治之的过程。
- 举办一场学术会议应该怎么做？先确定主题、主讲人、参会群体、场地；然后分头准备（如邀请主讲人、确定演讲题目、制定日程）、租用/借用场地、协调交通、布置会场；最后招募参会者，注册、缴费，安排各项活动——这也是分而治之的过程。
- 开办一家餐馆应该怎么做？
- 拍摄一部电影应该怎么做？
- 研发一款电动汽车应该怎么做？
- 建设一个高新科技开发区应该怎么做？
- ……

计算思维不仅提出了一套解决问题的方法论，而且非常强调实践性——解决方案不是理论正确就可以，而是要在实际中可行才可以。

这个特点是由计算思维的诞生背景所决定的——当计算机科学家处理问题时，除了需要知道如何将一个问题抽象为计算机能够理解的可计算模型，还要能够将计算收敛到有限空间中得到结果。如果算法的时空复杂度过大，以当前的算力在有效求解的时间内无法得出结果，那么再完美的理论算法也无法在现实中奏效。

世界上的问题有大有小，所需要的资源有多有少，但抽象到最高层面的方法论可以是一致的。计算思维是各行各业都需要的。

掌握计算思维单靠理论学习是远远不够的，必须经由大量的实践。编程实践就是习得计算思维的最佳方式。

既然要进行编程实践，学习编程语言和工具的使用方法当然是必不可少的。但语言、工具都只是皮毛，随着计算机技术的发展，编程语言日益增加，各种工具日新月异，"保质期"越来越短。而经由现实问题提炼出来的经典算法却经得起时间的考验。

从计算机被发明出来到现在，一些逻辑层面的基础问题在大多数应用领域都会用到。许多应用层繁多的花样，最终对应的都是共同的基础问题。计算机领域的科研人员、开发者，在几十年的工作中，针对一些历史悠久、应用广泛、高频出现的问题，研发出了对应的精致、高效的算法，我们将这些算法称为经典算法。

计算机的经典算法也有多种，但其中重要且常用的相对有限，主要有：

- 针对序列数据的查找算法和排序算法是基础。
- 针对树和图数据结构的各种算法：首先是遍历算法（深度优先和广度优先）；然后是各种类型的树结构，以及以计算图中不同顶点间最短路径为目的的各种算法。
- 若干用于解决数学问题（求最大公约数等）的计算机算法。

通过对经典算法的研习和实践，掌握"用数值表达现实事物，用运算描述任务目标，再通过算法处理数据找到到达目标的最优路径"的方法论。如此，既是一种有效的思考力训练，又是形成计算思维的过程。由此形成的思维能力是内力，而同步掌握的编程技能则属外功。

从长远来看，学习编程可以提升人们的计算思维水平；就近期来看，掌握一门正在日益变得通用的技能非常重要。

本书针对没有任何程序设计基础的读者，同步讲解两方面内容：使用 Python 语言编写程序；基础经典算法。由编程学算法，以算法促编程。同时，为了帮助读者理解算法，本书还介绍了计算机的基础运行原理。

在大学计算机专业课程中，本书所介绍的内容往往被拆分在如下几门课程中：

- "程序设计语言"（如 Python）
- "数据结构"
- "计算机组成原理和体系结构"

本书将几个领域的知识融合在一起，从日常事物开始，介绍软件、程序、算法和编程分别是什么；然后重点介绍编程的两大要素，即控制流程和数据结构，并详细介绍了几种常见的数据结构（如数组、链表、树和图），在此过程中，由数据结构的限制和实现引出现代电子计算机的基础——二进制和冯·诺依曼结构；最后进入算法阶段，从最简单的顺序查找开始，一边介绍算法，一边介绍它们的编程实现，详细介绍的经典算法包括顺序查找、二分查找、简单排序（包括选择排序、起泡排序、插入排序）和快速排序。

介绍具体算法无法脱离背后的原则，所以本书还介绍了作为快速排序思维基础的分治策略和引自数学的递归等算法策略。为了使零基础的读者能够上手编程，本书从操作角度阐述了编程工具的使用和程序编写、运行、调试的过程。

如此安排本书的内容主要源于以下两点：

- 使读者在接触编程的最初阶段就能够明确编程的核心是算法，从而将掌握算法策略、原理和过程作为学习重点，而不必将过多精力投入编程语言的语法或工具的操作等

"易过期"的细节上。

- 在学习理论算法的同时能够时刻联系实际，使读者不仅可以理解算法本身在不同应用场景中的优点和缺点，还可以运用算法解决现实中的问题，并培养读者的计算思维。

为了写作本书，笔者专门邀请了两位零基础的同学作为学生，按照上述思路，为她们上了为期一年的"算法编程同步学"课程。本书就是根据这门课程的教案整理而成的。在此特别感谢康牧心和任臻同学。

（读者可访问 https://github.com/juliali/ProgrammingFirstStep 下载代码）

目　　录

第1章　认识算法 1
1.1　算法究竟是什么 1
1.1.1　广义的算法 1
1.1.2　计算机领域的算法 2
1.2　程序、编程和算法之间的关系 5
1.2.1　算法与程序 6
1.2.2　算法与编程 6
1.2.3　学习算法和编程的用处 7
1.3　学习算法的深度 8
1.3.1　掌握算法的5个层次 9
1.3.2　对应不同层次的讲解方法 9
1.3.3　算法驱动编程 10
1.3.4　算法的难点：从原理到实现 10

第2章　万事的抽象：控制流程 12
2.1　认识流程 12
2.1.1　顺序 12
2.1.2　顺序结构 13
2.1.3　条件（分支） 14
2.1.4　条件（分支）结构 15
2.1.5　循环（迭代） 16
2.1.6　循环（迭代）结构 17
2.2　用简单的结构表达复杂的过程：控制结构的排列和嵌套 18
2.2.1　什么是流程图 18
2.2.2　极简版流程图符号表 19
2.2.3　最简单的流程图 20
2.3　流程图的粒度与嵌套 20
2.3.1　粒度 20
2.3.2　嵌套 22
2.3.3　条件结构和循环结构的嵌套 22

         2.3.4　粒度均衡的流程图 24

第3章　计算机是如何运行的 27
  3.1　数据 27
         3.1.1　信息数字化 27
         3.1.2　数据化与数据 28
         3.1.3　数据的组织 29
         3.1.4　数据结构 30
  3.2　计算机原理浅释 31
         3.2.1　电子计算机的前世今生 31
         3.2.2　冯·诺依曼结构 33
         3.2.3　存储空间的地址和内容 34
         3.2.4　一条指令是如何被执行的 35
         3.2.5　冯·诺依曼结构的直观解释 36
         3.2.6　冯·诺依曼结构的应用 36
         3.2.7　冯·诺依曼结构的瓶颈 37
         3.2.8　哈佛结构 38

第4章　万物的抽象：数据结构 39
  4.1　认识数据结构 39
         4.1.1　数组 39
         4.1.2　链表 40
  4.2　直观理解数据结构 42
         4.2.1　数组与链表 42
         4.2.2　数组与链表之同 43
         4.2.3　数组与链表之异 44
  4.3　预留给货物的固定货架：内存中的数组 45
         4.3.1　存储空间 45
         4.3.2　数组：一块连续的存储空间 46
         4.3.3　数组的下标 48
         4.3.4　数组中的元素 49
         4.3.5　数组的元素值 50
         4.3.6　数组的特性 51
         4.3.7　连续存储惹的祸 53
  4.4　见缝插针地摆放货物：内存中的链表 53
         4.4.1　链表 53
         4.4.2　链表的编辑 55

4.5 数据结构的特性和发展 57
4.5.1 特性各异的链表与数组 58
4.5.2 数据结构的发展 58

第5章 复杂一些的数据结构：图和树 59
5.1 图 59
5.1.1 图的定义和分类 59
5.1.2 相关概念和算法 61
5.2 树 62
5.2.1 树的定义 62
5.2.2 二叉树 63
5.3 遍历算法 64
5.3.1 树的遍历和图的遍历 64
5.3.2 二叉树的深度优先遍历算法 64
5.3.3 二叉树的广度优先遍历算法 66
5.4 图和树的现实意义 67
5.4.1 图的抽象 67
5.4.2 树的抽象 68
5.5 图和树 70
5.5.1 树是图的真子集 70
5.5.2 树比图更加严谨 70

第6章 第一行Python代码 72
6.1 跟你的计算机聊天：编程语言 72
6.1.1 什么是编程语言 72
6.1.2 从低级语言到高级语言 73
6.1.3 编译和解释 74
6.2 直观感受不同的编程语言 75
6.3 一条可爱的小蟒蛇：Python语言 76
6.3.1 主流编程语言 76
6.3.2 为什么选择Python 77
6.3.3 Python的特性 78
6.3.4 结合数组与链表的优点的列表 79
6.4 Python的编辑、运行环境 80
6.4.1 顺序安装 80
6.4.2 创建项目 80
6.4.3 开始编写第一个程序 81

6.5 第一个Python程序：让Python小蟒蛇动起来 82
6.5.1 你好世界 82
6.5.2 运行Python程序的几种方式 83
6.5.3 编程语言的基本概念 85
6.5.4 Python中的print()函数 85

第7章 开始用Python语言编写程序 90
7.1 数据值和数据类型 90
7.1.1 数据的抽象和具象含义 90
7.1.2 数据类型 90
7.2 标识符 91
7.3 字面量、变量和常量 93
7.4 变量赋值 94
7.4.1 赋值的方式 94
7.4.2 赋值前无须声明类型 95
7.4.3 赋值后不能隐性转换类型 96
7.5 Python中的数组 97
7.5.1 逻辑上的数组 97
7.5.2 列表和元素 97
7.5.3 列表的赋值和复制 98
7.6 Python中的流程控制 99
7.6.1 用缩进划分代码块 99
7.6.2 关键字 101
7.6.3 Python中的3种控制结构 102
7.6.4 不同类型结构的嵌套 107

第8章 实现第一个算法并衡量其优劣 109
8.1 从最简单的算法开始学：顺序查找 109
8.1.1 什么是查找算法 109
8.1.2 查找算法的要素 110
8.1.3 顺序查找 111
8.2 顺序查找的数据结构和控制流程 111
8.2.1 数据结构 111
8.2.2 控制流程 112
8.3 用Python实现顺序查找算法 114
8.3.1 用变量和赋值重绘流程图 114
8.3.2 代码实现 115

目录   XI

8.4 用for语句实现顺序查找算法 116
    8.4.1 Python循环关键字：for和while 116
    8.4.2 用for循环实现顺序查找算法 118
8.5 如何衡量算法的性能 118
    8.5.1 时间复杂度 119
    8.5.2 常见算法的时间复杂度 121
    8.5.3 空间复杂度 123

第9章 简单但有用的经典查找算法 124

9.1 猜数游戏 124
    9.1.1 游戏规则 124
    9.1.2 不限制猜测次数的游戏的必胜攻略 125
    9.1.3 限制猜测次数的猜数游戏 126
9.2 从"挨着找"到"跳着找" 126
9.3 二分查找：从原理到形式化描述 127
    9.3.1 二分查找的原理 128
    9.3.2 结构化的自然语言描述——流程图 128
    9.3.3 形式化描述第一步——变量和赋值 130
9.4 二分查找的编程实现 132
    9.4.1 形式化流程控制 132
    9.4.2 从流程图到代码 135
9.5 二分查找的性能 137
    9.5.1 二分查找的时间复杂度 137
    9.5.2 二分查找的空间复杂度 138

第10章 程序中的函数 139

10.1 计算机领域的函数 139
    10.1.1 编程中的函数 139
    10.1.2 函数的定义 140
    10.1.3 函数的调用 141
    10.1.4 二分查找函数 141
10.2 函数的作用 142
    10.2.1 重用 142
    10.2.2 抽象和封装 143
    10.2.3 从程序之外获得数据 144
10.3 函数的参数 147
    10.3.1 函数的参数及其值的变化 147
    10.3.2 Python的函数参数传递 148

10.3.3 函数参数问题的简化理解 151

第11章 编程实现猜数游戏 152

11.1 用Python实现猜数游戏 152
    11.1.1 猜数游戏与二分查找 152
    11.1.2 编写猜数游戏攻击者辅助程序 154
11.2 修改后的猜数小助手为什么输了 159
11.3 Bug 161
11.4 Bug的天敌——Debug 163
    11.4.1 什么是Debug 163
    11.4.2 常用Debug方法：打印变量中间值 164
11.5 和Bug斗智斗勇 166
    11.5.1 Bug的严重性 166
    11.5.2 产生Bug的原因 167
    11.5.3 防止Bug产生危害的方法 168

第12章 二分查找的变形 170

12.1 二分查找变形记：重复数列二分查找 170
    12.1.1 包含重复元素数列的二分查找 170
    12.1.2 包含重复元素数列的二分查找的变形 171
12.2 让变形更高效：与经典二分查找相同的时间复杂度 175
    12.2.1 包含重复元素数列的二分查找的时间复杂度 175
    12.2.2 时间复杂度的计算 176
    12.2.3 包含重复元素数列的二分查找的$O(\log(n))$算法 177
12.3 二分查找再变形：旋转数列二分查找 180
    12.3.1 有序数列的旋转 180
    12.3.2 不包含重复元素旋转数列的二分查找 180
    12.3.3 算法实现 181
    12.3.4 代码优化 184
12.4 包含重复元素旋转数列的二分查找 184

第13章 认识排序算法 188

13.1 处处可见的排行榜 188
    13.1.1 什么是排序 188
    13.1.2 排序算法的江湖地位 189
    13.1.3 无处不在的排行榜 189
13.2 排序算法的分类 191
    13.2.1 排序算法的分类方式 191

		13.2.2	比较排序	191
		13.2.3	比较排序的局限和优势	192
	13.3	排序算法的基本操作：两两交换数组中的元素	193
		13.3.1	查找算法和排序算法	193
		13.3.2	两两交换数组中的元素	194
		13.3.3	swap()函数	195
		13.3.4	没有返回值的swap()函数	197

第14章 几种简单排序算法 ... 199

- 14.1 扑克牌游戏 ... 199
  - 14.1.1 用扑克牌做一个小游戏 ... 199
  - 14.1.2 排序要解决的问题 ... 200
  - 14.1.3 基于直觉的排序算法 ... 201
- 14.2 选择排序 ... 201
  - 14.2.1 算法原理 ... 202
  - 14.2.2 数据结构 ... 202
  - 14.2.3 算法步骤 ... 202
  - 14.2.4 编程实现 ... 203
- 14.3 起泡排序 ... 204
  - 14.3.1 历史 ... 204
  - 14.3.2 算法原理 ... 204
  - 14.3.3 算法步骤 ... 204
  - 14.3.4 编程实现 ... 206
  - 14.3.5 算法优化 ... 206
- 14.4 插入排序 ... 207
  - 14.4.1 算法原理：又见扑克牌 ... 207
  - 14.4.2 在数组中插入元素 ... 207
  - 14.4.3 算法步骤 ... 208
  - 14.4.4 编程实现 ... 208
- 14.5 简单排序概述 ... 209
  - 14.5.1 排序的时间复杂度 ... 209
  - 14.5.2 排序的空间复杂度 ... 212
  - 14.5.3 简单排序算法性能总结 ... 212

第15章 必须掌握的排序算法 ... 213

- 15.1 快速排序 ... 213
  - 15.1.1 一个"笑话" ... 213
  - 15.1.2 算法原理 ... 213

- 15.1.3 算法的江湖地位 214
- 15.1.4 算法步骤 214
- 15.2 快速排序的时间复杂度 215
  - 15.2.1 时间复杂度的计算 215
  - 15.2.2 最佳时间复杂度 215
  - 15.2.3 最差时间复杂度 216
  - 15.2.4 平均时间复杂度 216
  - 15.2.5 理解快速排序的平均时间复杂度 217
- 15.3 快速排序的空间复杂度 218
  - 15.3.1 简单的分区函数 218
  - 15.3.2 优化分区函数 221
- 15.4 解读分区算法源代码 223
  - 15.4.1 "人肉计算机"法 223
  - 15.4.2 打印解读法 225
- 15.5 编程实现快速排序算法 227
  - 15.5.1 分治策略 227
  - 15.5.2 快速排序的分与治 228
  - 15.5.3 编程实现快速排序算法 229

第16章 递归实现快速排序 231

- 16.1 递归：像"贪吃蛇"一样"吃掉"自己 231
  - 16.1.1 历史悠久的概念 231
  - 16.1.2 无效递归 232
  - 16.1.3 有效递归 233
  - 16.1.4 分形 233
  - 16.1.5 斐波那契数列 234
- 16.2 递归函数 236
  - 16.2.1 递归和分治 236
  - 16.2.2 递归函数 237
  - 16.2.3 最简单的递归函数 237
  - 16.2.4 Python 限制递归深度 238
  - 16.2.5 限制运行次数的递归函数 239
  - 16.2.6 递归实现斐波那契数的计算 240
- 16.3 实现递归式快速排序 241
  - 16.3.1 递归式快速排序的原理 241
  - 16.3.2 递归式快速排序的编程实现 241

16.3.3　算法性能 242
　16.4　测试算法程序 242
　　　16.4.1　构造测试数据集 243
　　　16.4.2　安装 pip 和用 pip 安装模块 244
　　　16.4.3　用生成数据测试快速排序 245
　　　16.4.4　分区函数带来的差异 246

第17章　算法精进 248

　17.1　如何算学会了一个算法 248
　　　17.1.1　以二分查找为例了解"掌握算法的几个层次" 248
　　　17.1.2　依据掌握的知识解决问题 249
　　　17.1.3　学习算法的误区 251
　17.2　学会之后——创新 251
　17.3　如何自学算法 252
　　　17.3.1　自学三要素 252
　　　17.3.2　学习材料和内容 252
　　　17.3.3　学习目的和深度 253
　　　17.3.4　学习方法 253
　　　17.3.5　如何阅读代码 254
　　　17.3.6　练习与实践 255
　17.4　说说刷题 255

第 1 章

认识算法

就算你不是 IT 从业人员，想必也听说过"编程"这件事。近些年来，编程从少数程序员的特有技能逐步向通用技能扩散，大有"全民编程"之势。

编程的核心在于算法。编程语言纷繁复杂，高级、中级、低级兼备，但无论使用哪种语言，算法都是绕不开的。

算法究竟是什么？应该怎么学？怎样才算学会了算法？……别急，本书就带你迈出进入算法之门的第一步。

1.1 算法究竟是什么

算法究竟是什么？

1.1.1 广义的算法

广义的算法是指做一件事情 / 解决一个问题的方法。

具体示例如下。

示例 1：做烙饼需要先把面粉加水和成团，擀成片，加油和盐后卷成卷，然后切成大面剂子，面剂子封口后擀成圆形，上锅烙，翻几次直到两面焦黄，最后出锅——这是烙饼的"算法"。

示例 2：做一条裙子需要先量尺寸，再裁布，最后缝纫、镶边、装拉锁——这是制作裙子的"算法"。

……

所有的算法都体现出如下几个特点：

- 整个过程由若干工序（或称为步骤）组成。
- 这些步骤执行特定的操作加工某些原料。
- 最终产生某种结果。

当然，万事万物都有过程——一个东西放在那里不动还会生锈老化，都有"结果"的产出（如铁锈）。那么，万事万物是否皆为算法？

算法，原本就是人类创造的概念，四季更迭、万物消长这类"上帝的安排"并不在本书的讨论范围之内。

我们关心的是那些能够帮助我们完成任务或解决问题的方法。换言之，**我们讨论的算法一定有明确的、为人类生产生活事务服务的目标，最终的产出也是为了达到这个目标。**

因此，算法的要素包括目标、流程、原料和产出。

小贴士：流程是由若干步骤组成的，既然要产出结果，就不能没完没了。所以，流程中的步骤必须是有限的，这就是**算法的有限性**。

1.1.2　计算机领域的算法

狭义的算法

作为广义算法的一个分支，计算机算法自然也具有 1.1.1 节提及的几个要素。

广义算法流程的有限性对于计算机算法同样适用，此外，计算机算法的任何步骤都需要满足以下两点：

- 有确切的定义 —— **确定性**。
- 能够被分解为计算机可执行的基本操作，并且每个操作都可以在有限的时间内完成——**可行性**。

计算机算法的流程实际上是一个有限的操作序列，具体操作可以通过计算机指令来实现。

计算机无法处理面粉和布匹，只能处理数据。因此，无论是"原料"还是"产出"，于计算机算法而言，都是数据。

所以，对于计算机算法而言，我们将原料称为输入数据，简称**输入**（Input）；将产出称为输出数据，简称**输出**（Output）。

将上面几点综合起来可知，**计算机算法**具备以下几个要素（划重点）：

- 一个有限的、通过计算机指令实现的可执行操作序列。
- 这个序列接收输入。

- 对输入数据进行有限步骤的处理。
- 最终产生确定的输出,用于实现算法的目标。

相关示意如图 1-1 所示。

图 1-1

这个定义看起来貌似有点乱,但是可以从内和外两个方面直观地了解算法是什么。

小贴士:从现在开始,如无特殊说明,我们所说的"算法"指的是计算机算法。

从外面看,一个算法就像一个黑盒。

这个黑盒能够解决某类问题。我们把需要解决的问题作为输入放到黑盒中,在里面叮叮哐哐操作一番,过了一段时间之后,从里面倒出来一些输出(见图 1-2),这些输出就是对输入问题的解答。

图 1-2

示例:这个黑盒是用来计算矩形面积的。输入某个矩形的长和宽,等待片刻(当然,这个片刻短到察觉不到)就会输出一个数字,即这个矩形的面积。

上面这个算法很简单。算法也可以很复杂,例如:

示例 1:输入一个用户的个人信息(如性别、年龄、所在地、职业、学历等),输出的是针对这个用户定制的新闻页面,或推荐商品目录,或广告列表。

示例 2:输入用户当前的位置和目的地位置,输出一条或多条到达目的地的路线规划和预计时间。

示例 3:输入一张人脸照片,输出这个人的身份信息。

……

复杂算法实际上可能是分成若干更小规模的算法协作实现的。

但无论如何,从外面来看,就是输入问题→运作→输出答案而已。

从内里看,算法 = 数据结构 + 控制流程。

小贴士:此处又引入了"数据结构"和"控制流程"两个新名词,后面会专门讲解它们,现在只是简单地进行形象化描述。

数据结构

既然算法是用来解决一类问题的，那么就不能只处理一份数据。

例如，计算矩形面积的算法，肯定可以计算长、宽为任意值的矩形的面积。不能只会计算长为 10cm、宽为 5cm 的矩形的面积，当改成长为 37cm、宽为 82cm 的时候，它就不会计算了。

同样一个算法，要能处理许多份数据，那么在算法内部描述对数据的处理时，就不能用确定的数值，而需要用一系列名称来指代各个数据——这些用来指代的名称就叫作**变量**。

例如，在计算矩形的面积的算法中，我们用变量 length 表示长，用变量 width 表示宽。那么在算法内部，我们只需要计算这两个变量的乘积。在计算的时候，我们不是写 5×10，或者 37×82，而是写成 length×width。

一个变量一次只能代表一个数吗？

假设：我们有一个算法，计算一个单位或组织在一段时间内花费钱财的总和。

现在我们用它来计算小明家在 2018 年 12 月的花销。

统计发现：2018 年 12 月爸爸总共花了 76 笔；妈妈花了 569 笔；小明花了 13 笔。

对应到算法中，我们应如何利用变量？

如果用一个变量来指代具体的一笔钱，那么仅仅在处理妈妈的花销的时候，我们要用 569 个变量。

如果是这样，要统计妈妈一年的花销怎么办？如果妈妈一年花了 73 982 笔钱，我们也用 73 982 个变量吗？如果计算她 10 年、20 年、50 年的花销应如何做？

所以，这个时候如果我们能用一种方法来指代"一串"数就好了。这个"串"可长可短，不管它有多长，算法只要把里面的数一个挨着一个加在一起即可。

如果我们用一个变量来指代这个数字"串"，那么花销计算算法中用一个变量即可。

这个时候，我们实际上就规定了一种**数据的组织方式**——许多具体的数值按照一定的相对位置和相互关系组合起来。例如，在这个花销"串"中，每笔花销按照时间顺序一个接一个排成一队。

数据的组织方式叫作数据结构。

数据结构有很多种，既有简单的也有复杂的。上面例子中的数据结构非常简单，一个个数字排成序列即可。

根据这个序列，不仅能计算这些花销的总额，还能计算平均花销，也可以找出单次最高消费。

但是，如果我们要完成的任务变成"找到单次最高消费是在哪天花的"，就无法达成目标了，因为现有的数据中没有时间信息。

为了找到消费对应的时间，可以把花每笔钱的日期也"告诉"算法。将日期"告诉"算法可以有多个方案，具体如下：

- 方案 1-1：用两个序列。第一个是数字序列，每个数字代表一笔花销；第二个是时间序列，每个时间表示花费一笔钱的时间点。这两个序列中的元素按照在序列中的位置一一对应。
- 方案 1-2：只采用一个序列。但这个序列中的每个元素包含两个部分，即时间和金额。

上述两个方案所对应的数据结构就是不同的。

如果我们还想了解如下几点：每笔钱花在了什么地方？给了哪个商家？购买了什么产品或服务？

那就需要把更多的信息"告诉"算法，采用的数据结构就会更复杂。

控制流程

回到前面的花销计算算法：计算"一个单位在一段时间内花费钱财的总和"，选定用一个数字序列作为数据结构。

这个算法满足以下几点：

- 接收一个数字序列作为输入。
- 把这个序列中的数字一个一个地"拿出来"。
- 将"拿出来"的数字累加在一起。
- 将最终的累加和作为结果输出。

整个过程有始有终，运行的顺序清晰明确，这就是控制流程。

控制流程的定义很简单：**程序运行的步骤历程就是控制流程。**

对应不同的数据结构，当然有不同的处理方法。

算法的控制流程往往和数据结构有关系。换言之，同样目标的算法，因为所采用的数据结构不同，很可能会造成运行、求值的步骤顺序有所不同。

1.2 程序、编程和算法之间的关系

前面已有提及，**算法 = 数据结构 + 控制流程。**

数据结构是数据的组织形式。在描述算法的时候，我们并不知道实际要用这个算法来处理的数据是什么（其实也没有必要知道），我们只需要知道将来要处理的数据是如何组织的就可以了。

1.2.1 算法与程序

基于数据的组织形式，定义一个运算/操作的历程就是算法的实现。**算法实现的结果就是程序。**一般情况下，我们实现的程序是一个或一组用某种编程语言编写的文本文件。这个（些）文件是静态的程序。当它（们）被运行时，会被计算机读入内存形成动态的运行时程序。

当我们有了具体的数据要处理的时候，就要按照如下步骤操作：运行已经编写好的，实现了算法的程序（静态）；按照既定的数据结构组织具体的数据，然后作为输入传输给运行时程序（动态）。

运行时程序会按照既定的步骤处理接收到的输入数据，产生运算结果并输出。

如此说来，也可以认为**算法是静态程序的内容**，而**算法** + **数据** = **动态程序**，如图 1-3 所示。

图 1-3

1.2.2 算法与编程

算法和编程之间的关系如此：**编程就是实现算法的过程。**

对编程的误解

很多人在开始有意向学习编程的时候，认为学习编程就是学编程语言，认为学会了编程语言的句法、语法就会编程了。

其实，这里有一个很重大的**误解**，就是简单地把编程语言等同于自然语言。

很多人都有学习外语的经历，回头想想，中小学学英语的时候，我们要做的事情通常是认字母、背单词、记语法（如时态、语态、主格、宾格、定语从句、状语从句等）。

当我们被动词变形、虚拟语气，以及文章中很多不认识的单词搞得七荤八素的时候，就会觉得记住足够多的单词和语法，自然就会用英语听、说、读、写了。

至于听、说、读、写的内容，我们并不用操心，反正我们每天也要用中文说话、阅读、写作，学会了英语，不过就是用"哇哩哇啦"的发音和"曲里拐弯"的字母来代替声母、韵母和方块字做同样的事情罢了。

中文、英文（或任何一种自然语言）最基础的应用都是用来应对日常生活的。我们每个人都对自己的日常生活十分熟悉，对于需要输入（听、读）和输出（说、写）的内容早已掌握。而自然语言的形式又特别复杂，所以在学习外语的初级和中级阶段，人们通常将大部分精力放在词汇和语法上。

但是编程语言不是用来日常聊天的。

虽然不管哪种语言第一个程序都是"Hello World"，但那是运行环境因为自己能够正常实现功能而对世界发出的欢呼，并不是人与人之间的打招呼。

那么多编程语言，无论学习其中的哪一种，我们都**不是**为了去问邻居"吃了吗？"，或者跟超市导购员讨价还价等。

学习编程的目的

我们学习编程是用来干什么的呢？

从微观角度来看，计算机能够处理的"物料"是数据，所有计算机能做的事情，都要通过数据的变化来体现。因此，如果我们编写程序不是为了让数据发生变化，就毫无意义。

而让数据发生变化就需要运算，而运算的过程就是算法。

从宏观角度来看，算法是对解决某类问题/完成某类任务的方法的描述。人类发明计算机是用来解决问题的，如果编写的程序无法解决问题，那么这个程序的存在就毫无意义。

因此，任何有存在价值的程序，必然都实现了算法。我们学习编程就是为了实现算法。

算法是编程的核心！

从被发明出来到现在，虽然计算机能够提供的服务日益翻新，但其实有一些逻辑层面的基础问题，在大多数应用领域都会用到。许多应用层繁多的花样，最终对应的都是共同的**基础问题**。

计算机领域的科研人员、开发者，在几十年的工作中，针对一些历史悠久、应用广泛、高频出现的问题，研发出了对应的精致、高效的算法，我们将这些算法称为**经典算法**。

本书要学习的就是这些算法中的一部分。

1.2.3　学习算法和编程的用处

就目前而言，学习算法和编程大致有如下几种用处：

- 获得入行程序员的基本技能。

程序员的日常工作就是编程，面试的题目就是算法。要想成为程序员，编程和算法是需要掌握的最基本的东西。

- 了解计算机技术与程序员思维的捷径。

在互联网公司,有些岗位虽然不涉及编程,但这些岗位的任职人员却总是难免要和程序员打交道,如产品经理。

这样的角色,如果对计算机技术和程序员的思维方式缺乏最根本的了解,日常工作就无法顺利开展。学习基础编程和算法则是对这两者有所了解的最快途径。

- 非技术岗位员工可以用来解决日常问题。

随着计算机硬件的普及,编程语言和软件工程的不断发展,以及各类教育资源的普及和多样化(如知识付费的出现),编程已经变得越来越触手可及了。

大多数人都能通过编写代码解决部分工作和生活中遇到的问题。

特别是 Python 这种拥有大量支持库的语言,各种各样的功能都已经被封装成库函数,只要具备最基本的编码能力,会调用库函数,编写爬虫程序、处理数据、做数据分析就会很方便。而这些已经成为越来越多诸如市场、运营等非技术岗位所必需的技能。

另外,随着人工智能技术的发展,大量通用模型被封装成基础服务,可以通过调用远程接口使用。会编写代码,了解最基础的原理,就可以拥抱人工智能、开发 AI 产品。

- 锻炼逻辑思维。

就算不打算编写代码,学习算法也是一种对思维能力的绝佳训练。

算法的两大要素如下:控制流程描绘事物发生和发展的过程;数据结构是对事物组织形式的高度抽象。

这都是逻辑思维最基础的内容。算法的学习过程相当于一种思维"体操",可以有效地锻炼我们的"思维肌肉",使大脑灵活地运转起来。

- 与 K12 教育接轨。

2017 年,国务院发布《新一代人工智能发展规划》,明确指出在中小学阶段设置人工智能相关课程,逐步推广编程教育。

浙江等省市已经开始尝试将编程纳入高考体系。虽然距离全面覆盖还很远,但编程、算法正在逐步渗入 K12 教育。

一则,我们已经大学毕业,不能连小学生会的都不会;再则,我们就算不是为了自己,为了将来的儿女着想,也应该自学一些编程知识,与他们拥有共同的话题。

1.3　学习算法的深度

治病的药都不太好吃,有用的东西都不太好学。算法,听起来就不是很容易,我们到底要学到什么程度呢?

1.3.1 掌握算法的 5 个层次

不同的人对同一事物了解、掌握的程度是不同的,同一个人在不同时期对同一事物的了解和掌握也可能是不同的。

对于算法的掌握,大致可以分为 5 个层次(见图 1-4),这 5 个层次所对应的程度如下(其中涉及一些专业名词和术语,这些在后续章节都会讲解,此处先做粗略介绍)。

图 1-4

第一层:听说

- 知道算法的名称。
- 知道算法的功能。

第二层:了解

- 知道算法的原理(自然语言描述)。
- 知道算法的优点和缺点。

第三层:理解

- 知道算法的过程和细节。
- 能够描述算法的数据结构和控制流程。
- 知道算法的时空复杂度。

第四层:实现

- 能够用编程语言编写无逻辑错误的算法。

第五层:应用

- 能够运用算法解决实际问题。

这 5 个层次,依次由浅入深。

1.3.2 对应不同层次的讲解方法

目前,市场上讲解算法的书籍很多,我们在卖书的电商网站输入"算法"两个字,都能搜出几十页的书籍列表。但是不同的书,讲解的深度是不同的。

《计算机程序设计艺术》和《算法导论》从内容上详细剖析了算法细节及其背后的数学属性,如果真的能够学通、学透,应该可以达到第四层的水平。

第四层也是纸上谈兵的最高境界。如果在现实中运用,将理论知识转化为实践经验,不是仅仅依靠书本就可以做到的,必须实践。

很多介绍算法的书中运用了插图、漫画，增加了亲和力，如《我的第一本算法书》等。

《我的第一本算法书》介绍了 26 个算法，绝大部分描述是用图来表示的，确实简洁易懂。但正因为全部都是直观描述，所以只是介绍了算法原理，并没有严格的流程和细节。仅能对应第一、第二层的程度，另有部分第三层的介绍（如时间复杂度），但作为编程的依据还远远不够。

不同的算法书各有侧重。还有些书籍名称虽然不含有"算法"两个字，但其实主要内容也是算法，如严蔚敏和吴伟民编著的《数据结构》。

严蔚敏和吴伟民编著的《数据结构》是笔者上学时的专业课的课本，那门专业课的名称就叫作"数据结构"，但大部分内容讲的是经典算法。

1.3.3 算法驱动编程

与市场上的书相比，本书的不同之处主要体现在以下几个方面：

- 本书介绍的算法数量比任何一本书介绍的算法数量都少，仅限最基础的部分，如顺序查找、二分查找、选择排序、冒泡排序、插入排序和快速排序。
- 本书介绍的每个算法都已经达到细节阶段，读者学会之后可以编写出正确的实现算法的程序（第四层）。
- 阅读本书不要求任何编程基础，读者可以跟随书中内容一起学习编程和算法，以算法驱动编程。

算法少而程度深，是希望读者立足基础，打牢基础，彻底掌握 6 个算法，达到别人一提名字就能从头写出代码的程度；相比能将几十个算法作为谈资，但一个都写不出来，无论是对于职业发展还是脑力锻炼，显然都是前者对大家更有帮助。

以算法驱动编程，就是说我们会沿着第一到第四层的顺序，在介绍一个算法的时候，先介绍它的用途、优点、缺点和原理（是如何达到目标功效的），然后通过画流程图、写程序代码的方式展现算法的全部细节。

在学习算法细节的过程中，自然而然会接触编程语言和程序编写，并和算法同步学习编程语言的语法、词法等。

1.3.4 算法的难点：从原理到实现

如果以后不打算编程，就算要学习算法，是不是只要会用自然语言描述就可以，不用写成代码？

算法本身是一个方法，可以用自然语言直观描述，也可以用编程语言来形式化地表达。然而，即使所指向的标的相同，不同的表达方式所揭露的深度和难度却大有不同。

因此，笔者认为：**就算是仅仅为了把算法学清楚，也有必要写代码。**

本书只介绍 6 个算法，整体上都比较简单。特别是顺序查找，如果单看原理，非常简单。本书介绍的最后一个算法是快速排序，如果仅论及原理，一句话就能讲完。

不单本书讲的这些，就是很多非常复杂且高效的算法，如果只是简单地概括原理，也就是一句话——自然语言的概括性也正体现于此。

虽然看起来很简单，其运作原理也可以用自然语言简单表示，但是用编程语言写出来，很多人可能会不了解这几行代码的含义，这是快速排序吗？它们在干什么呀？

算法的难点恰恰在于：如何从概括性的原理，转换为与具体数据结构相结合，从而可以一步步实施并直接对应为计算机指令的控制流程。

剖析这个难点也正是本书的核心所在！

对每个算法，我们不仅**要讲抽象原理**，还要**将其拆解成数据结构和控制流程，并详细推演整个运行过程的细节**，再**将整个流程写成代码**，最后**在运行环境中执行**。

为了能够完成对所学算法的形式化表达，我们的学习流程如下：

（1）先学习纯粹理论层面的控制流程和数据结构知识，不涉及编程。

（2）然后简单了解编程语言，以及 Python 编程的一些内容。

（3）最后按照规划的 6 个算法，一边学习算法一边学习编程。

让我们一起加油吧！学会这些，你就不再是小白。只有打牢基础，才能向大牛进发。

第 2 章

万事的抽象：控制流程

世间万事，都有一个过程，总要经历起承转合等多个步骤，对完成某件事的步骤序列的抽象描述就是流程。

2.1 认识流程

自然界的事物有过程，植物春天发芽，夏天开花，秋天结果，冬天枯萎，这也可以被看作一个流程，这个流程无须人类的干预也能完成。

但人类的社会性事务（或称任务）不可能在没有人管的情况下自己完成，其中各个步骤必须有人控制。这里就引出了一个新的概念：控制流程。

控制流程是人为定义的步骤和过程。在计算机领域，控制流程是指程序中陈述指令或函数调用的执行历程。

听起来有点抽象。其实，我们可以从一个更广域的角度进行理解，在日常生活中处处都有控制流程，下面举例说明。

2.1.1 顺序

逐步完成一件事

我们要做一个蛋糕，于是上网搜索到下面这个配方：

原料：4 个鸡蛋，60g 糖，90g 面粉，50g 黄油，60g 牛奶

步骤（见图2-1）：

（1）把蛋清和蛋黄分开。

（2）用打蛋器打5分钟蛋清，把蛋清打发成泡沫。

（3）把蛋黄和其他原料放到一起搅拌成蛋黄糊。

（4）把蛋黄糊和蛋清泡沫放到一起搅拌成蛋糕坯。

（5）把蛋糕坯放到蛋糕模具中，用烤箱在150℃下烤40分钟。

成品：戚风蛋糕

这个配方其实就是一个广义的算法，它的目标明确，就是解决"如何做一个蛋糕"的问题。输入是各种原料，输出是戚风蛋糕，流程则是如图2-1所示的这些步骤。

做蛋糕的工序就是一个控制流程。

为了让读者看得更清楚，我们尝试用图展示输入、输出及操作过程，如图2-2所示。

图 2-1　　　　　　　　　　图 2-2

图2-2中的虚线框可以看作一个"黑盒"，我们把原料输入进去，在里面自上而下经过一道"流水线"操作，将成品输出。

2.1.2　顺序结构

如果只看图2-2中虚线框里面的内容，就会发现这恰好是文字版中的用烤箱做蛋糕的5个步骤。

这 5 个步骤是一个接着一个按顺序进行的，这也是控制流程的 3 种基本结构中最简单的一种：顺序（Sequence）结构。

在日常生活中，无论是哪种类型事物的发展过程，顺序结构都是最常见的。

为了方便表达，我们用图 2-3 来表示顺序结构。其中，每个矩形框都表示一个确定的步骤。

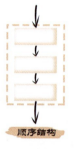

图 2-3

2.1.3 条件（分支）

有些时候，事物的发展过程并不是完全确定的，很可能要在某个步骤根据某种具体的条件进行判断，要么这样，要么那样。

流程变更

延续 2.1.1 节做蛋糕的例子：我们本来打算按照配方做戚风蛋糕，但是在分离蛋清和蛋黄时出现了失误，把蛋黄掉到蛋清中。

一旦蛋清中混合了蛋黄，就无法成功打发成蛋清泡沫。如果继续按照上面的步骤操作，结果就是蛋清打发幅度变小，和蛋黄糊混合后无力支撑蛋黄糊，烤出来的面团就会皱缩得根本成不了蛋糕。

在这种情况下也不是不能补救，可以把蛋清和蛋黄混在一起打发，如图 2-4 所示。再和入面粉，这样烤出来的也是蛋糕，但是会变成海绵蛋糕，如图 2-5 所示。

图 2-4

图 2-5

分成两种步骤的菜谱

分离蛋清和蛋黄经常会出现操作失误。所以我们可以在配方中直接告诉操作者，万一分离蛋清和蛋黄时出现失误，也别浪费鸡蛋，直接改做海绵蛋糕就可以。

当然，我们还是可以用文字进行描述。

原料：4 个鸡蛋，60g 糖，90g 面粉，50g 黄油，60g 牛奶

步骤：

（1）分离蛋清和蛋黄。

如果能够正确分离蛋清和蛋黄就到步骤（2-Y），否则到步骤（2-N）。

（2-Y）用打蛋器打 5 分钟蛋清，把蛋清打发成泡沫。

（3-Y）把蛋黄和其他原料放到一起搅拌成蛋黄糊。

（4-Y）把蛋黄糊和蛋清泡沫放到一起搅拌成蛋糕坯。

（5-Y）把蛋糕坯放到蛋糕模具中，用烤箱在 150℃下烤 40 分钟。

成品：戚风蛋糕

（2-N）用打蛋器打 10 分钟蛋清和蛋黄的混合液，打发成混合泡沫。

（3-N）把其他原料放到混合泡沫中搅拌成蛋糕坯。

（4-N）把蛋糕坯放到蛋糕模具中，用烤箱在 160℃下烤 30 分钟。

成品：海绵蛋糕

这样固然也可以表达清楚，但有些不够直观，所以可以表示成如图 2-6 所示的流程图。

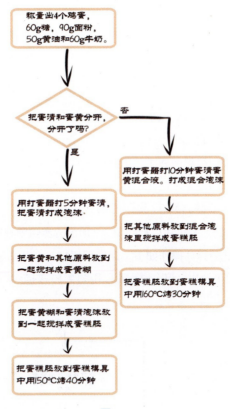

图 2-6

2.1.4 条件（分支）结构

根据某个条件成立与否可以将后续结果分为不同分支的流程结构，叫作条件（Condition）

结构，也可称为分支（Branch）结构，可以用图 2-7 来表示。

小贴士：流程图中的菱形框用于填写条件，矩形框与顺序结构中矩形框的含义相同。

有的时候，我们只关心条件成立的情况，如果这个条件成立，我们就做一些事情，否则什么都不做。在这种情况下，也可以画成如图 2-8 所示的形式。

图 2-7　　　　　　　　　　图 2-8

2.1.5　循环（迭代）

重复同一操作

还是做蛋糕的例子。

如果我们要做出蓬松可口的戚风蛋糕，仅仅正确分离蛋清和蛋黄是远远不够的，分离出来的蛋清要被充分打发才可以。

在之前的流程中，我们简单地要求"用打蛋器打 5 分钟蛋清"。虽然在大多数情况下，这样做能够达到"打发"的效果，但在现实中，因为打蛋器转速不同，鸡蛋的质量和大小不同，简单地搅打 5 分钟，可能导致打发不够或打发过度。

为了保证蛋清打发合适，我们可以把如图 2-9 所示的步骤单独拆解分析。

可以换一种打发方式，具体**操作如下**：用打蛋器打一会儿蛋清就停下来看看，还没有打发就继续打，打到发起来为止，这个过程可以用图 2-10 来描述。

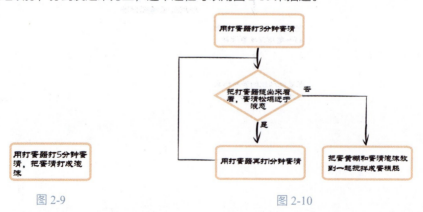

图 2-9　　　　　　　　　　图 2-10

首先判断当前是否满足了某个条件,如果是,则进行"用打蛋器再打 1 分钟蛋清"的操作,完成这一操作之后再判断是否满足条件,如果仍然是,重复"用打蛋器再打 1 分钟蛋清"的操作,如此重复操作,直到不再符合判断条件为止(蛋清不再松塌,则说明已经被打发)。

2.1.6 循环(迭代)结构

这个不断重复的流程结构叫作循环(Loop)结构,也叫作迭代(Iteration)结构,可以用图 2-11 表示。

图 2-11 所示的整个结构叫作循环,蓝色菱形框内放的是循环条件;而橙色矩形框内放的则是循环体。

小贴士:虽然这里的循环体只有一个框,但并不代表只能有一个操作,上面的条件结构也是如此。这一点在之后结构的嵌套中会详细讲解。

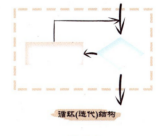

图 2-11

循环体从头到尾执行一次的过程叫作**一次循环(一次迭代)**。**循环的次数**可以很多,只要循环条件被满足,循环体就会被不断重复执行,重复成千上万次,甚至几千万次,只要是**有限次数**,就都没有问题。

在这里我们强调**循环的次数必须是有限的**。如果一个循环一旦开始执行就永远不停地执行下去,就叫作**无限循环**。

根据之前算法的定义,算法的操作步骤必须是有限的,因此,算法的控制流程中是不可以出现无限循环的,一旦出现了,就叫作**死循环**,这是一种非常严重的逻辑错误。

循环结构有不同的变种。上面给出的结构又可以被叫作 while **循环**,是最常见的一种,因为在大多数编程语言中,实现此种循环都要使用 while 语句,由此而得名。while 循环的特点是在进入循环体之前先判断条件,如图 2-12 所示。

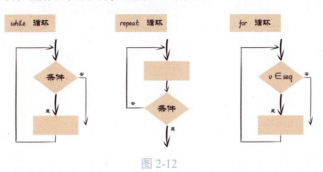

图 2-12

另有一种循环叫作 repeat **循环**(也可以叫作 do…while 循环),它的特点是无论如何先执行一次循环体,然后判断条件,看接下来是否重复执行。

还有一种循环叫作 for **循环**，它的特点是重复执行固定次数。

这几种循环在细节上虽然有所不同，但其实完全**可以相互转化**，用 while 循环来达到 repeat 循环或 for 循环的效果都没有问题。

2.2 用简单的结构表达复杂的过程：控制结构的排列和嵌套

控制流程本身并不复杂，但因为不同类型的流程之间存在嵌套关系，所以如果单靠语言描述不是很直观。为了表达多种多样的控制流程，人们发明了流程图（Flow Chart）。

2.2.1 什么是流程图

流程图是一种表示算法或工作流的框图，用不同类型的框代表不同种类的步骤，每两个步骤之间用箭头连接。

流程图有一套相对复杂的符号系统，如表 2-1 所示。

表 2-1

元素	名称	定义
	开始或结束	表示流程图的开始或结束
	步骤	表示某个具体的步骤或操作
	条件	表示条件标准
	文档	表示输入或输出的文件
	子流程	表示一个已经定义的子流程
	数据库	表示文件和档案的存储
	注释	表示对已有元素的注释说明
	页面内引用	表示流程图之间的接口

不同机构或组织对流程图符号系统的定义也有所不同，有些流程图元素相当复杂，如图 2-13 所示。

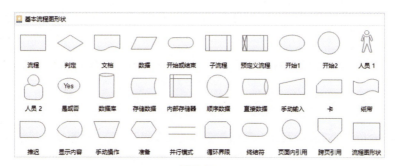

图 2-13

2.2.2 极简版流程图符号表

鉴于本书所需描述的算法过程十分简单，流程图只是我们辅助了解算法的工具，所以本书没有详细阐述流程图。

我们仅取一般流程图的一个子集，作为极简版流程图使用就已经足够。

2.1 节通过例子介绍了控制流程的 3 种基本结构，并用图表的方式展示了这 3 种基本结构，如图 2-14 所示。

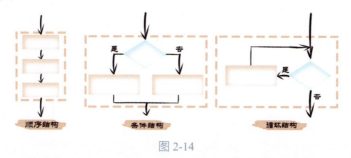

图 2-14

将图 2-14 中的基本元素进行拆解，可得到如图 2-15 所示的形式。

这就能组合出顺序结构、条件结构和循环结构——极简版流程图，只有这 3 个符号就可以。

当然，个别时候我们可能特别需要标识出一个完整流程的开始和结束，遇到如此情形，可以用如图 2-16 所示的图形表示算法的开始和结束。

图 2-15　　　　　　　　　　　　　图 2-16

在大多数情况下，只用 3 个基本符号的组合，从上到下表示一个算法的整体流程就可以了。

小贴士：有时我们需要标明输入和输出，这时我们用一个椭圆来表示。

2.2.3 最简单的流程图

2.2.2 节介绍了极简版流程图，我们希望构建流程的基本符号体系尽量简单，基本符号的数量尽量少。

那么，当我们绘制流程图的时候，最简单的流程图是什么样子的？

一个基本符号都不用显然不可能。如果一片空白，就不是流程图。

一幅流程图中只有唯一的一个基本符号是可能的。

那么，在这样一幅流程图中，唯一出现的那个符号就一定是矩形框。因为除了矩形框，其他要素都不能独立存在。

如果一个条件没有因为其成立与否导致后续的差别，那么这个条件本身也就不存在。如果流程图中没有事件或条件，箭头也就没有可连接的东西。因此，只有一个事件（或操作），才能够独立存在构成流程图。

例如，如果一个流程总共就做一件事，即打鸡蛋，那么这个流程图就可以画成如图 2-17 所示的形式，或者如图 2-18 所示的形式。

图 2-17　　　　　　　　　　图 2-18

当然，为了省事，只要不影响理解，我们可以省略开始符号和结束符号。

2.3　流程图的粒度与嵌套

2.3.1　粒度

一个矩形框只能表示一件事，但只有一个矩形框的流程图并不是只能表达非常简单、短促的过程，因为"一件事"本身就是一个抽象概念，这件事可以很小也可以很大，如图 2-19 也是一个流程图。

虽然图 2-19 中只有一个矩形框，但是可以用来表示一个人的一生。

当然，用一个"人生"框来描述一个人的一生，是一种非常抽象的概括。换言之，这种描述的粒度很粗。

图 2-19

如果都用这样粗粒度的描述，那么人与人之间也就没有什么区别。更多的时候，我们需要更细化的一些表述。

与图 2-19 相比，图 2-20 更加细化，其中每个矩形框的粒度相对于"人生"框都变小了。

图 2-20 可以继续细化，使每个步骤的粒度更小。因为进一步细化会导致图形复杂度增加，所以此处仅取图 2-20 中的第二个矩形框进行细化，效果如图 2-21 所示。

图 2-20   图 2-21

如果把上述两个细化步骤展开来看，就会变成如图 2-22 所示的形式。

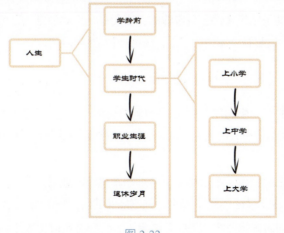

图 2-22

"人生"、"学生时代"和"上小学"虽然都是用一个矩形框来表达的,但各自的**粒度是**不同的。

2.3.2 嵌套

既然"学生时代"可以展开成一个流程图,那么我们完全可以把新的流程图放到之前的流程图中,代替"学生时代"框,如图 2-23 所示。

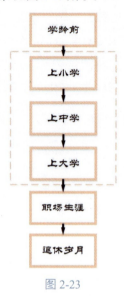

图 2-23

这就是流程图的嵌套。

简单来说,任何一个流程图中的一个步骤(矩形框)都有可能被一个新的流程取代,用一个粒度更细的流程图来取代原本一个独立的步骤,这就叫作流程图的**嵌套**。

虽然上面这个例子用来替代原有步骤的流程图是一个顺序结构,但实际上并非只有顺序结构才能用来作为嵌套在原图中的子图,任何一种结构都可以。

2.3.3 条件结构和循环结构的嵌套

上面顺序结构的"学生时代"比较适合用来描述一个人已经经历过的学生时代。如果想用一个流程图来表达一个人的人生规划,而不是过往经历的总结,那么只用顺序结构是不够的。

以学生时代的细化为例:上小学和上中学基本是顺理成章的,但上大学是要经过高考选拔的。如果一个人还没有上大学,那么他并不能保证自己一定能上大学。

他在规划人生的时候需要将高考失败考虑进去,那么可以将人生规划改写成如图 2-24

所示的形式。

但是如果这位同学比较倔强，不肯为一次高考失利就结束学生生涯，那么他的学生生涯也可以是图 2-25 这样的。

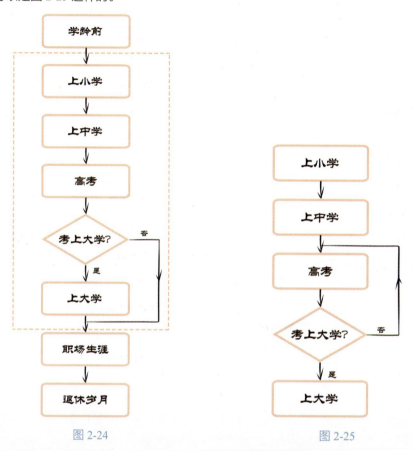

图 2-24　　　　　　　　　　图 2-25

条件结构变成循环结构，如果考不上大学就一直参加高考。

这样做虽然有志气，但是不一定是一个理智的决定。如果高考持续失利，图 2-25 中的循环结构就是一个死循环（实际上，如果真的努力学习，考上大学也并不是很难，但毕竟理论上是存在死循环的）。

就算不陷入死循环，但为了上大学，花费 8 年或 10 年参加高考实在没有必要。

因此，可以再设定一个条件：最多参加 3 次高考，如果考不上大学，就不再继续上学。本着这个念头，学生时代流程图就变成如图 2-26 所示的形式。

将这个两重嵌套的结构放回图 2-24，就变成如图 2-27 所示的形式。

在上面这个例子中，不同步骤的粒度大小差别巨大，人生的大多数阶段都一笔带过，关于计划的部分仅仅体现在参加高考这一件事情上，用这样一张图作为人生规划显然是不够的，它只是用来解释不同的粒度的步骤和控制结构的嵌套关系而已。

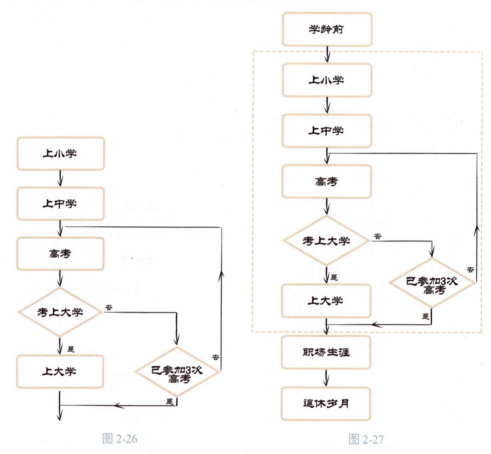

图 2-26　　　　　　　　　　　　　图 2-27

在实际应用中，当我们用到流程图的时候，一般会让各个步骤的粒度近似。从头至尾每个部分可能有条件结构或循环结构的地方都尽量表达出来。

2.3.4　粒度均衡的流程图

本节依旧用做蛋糕的例子进行阐述。上面已经介绍了不同的结构和它们的连接与嵌套，所以下面用流程图来描述做蛋糕的全过程，如图 2-28 所示。

但需要注意的是，即使仅仅是一个描述做蛋糕的流程图，其实也可以有不同粒度的表达方式。

例如，我现在不太关心具体用多少原料，搅打几分钟，以及在什么温度下烘烤。而只关心分离蛋清和蛋黄的步骤，一旦分离失败就要换一种制作方法，后续步骤就会有所不同。

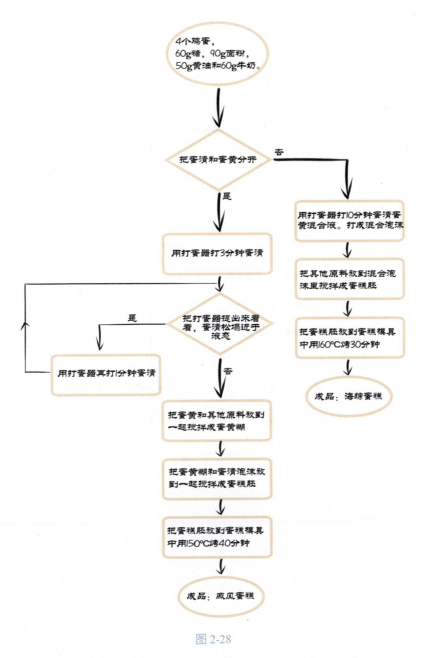

图 2-28

图 2-28 中的许多细节都可以被忽略,简化成如图 2-29 所示的形式。

总之,流程图是一种表达工具,可以用它来描述我们想要告知他人的内容。

就好像用语言述说同一件事因时因地因对象不同会详略不同,描述同一个算法/过程的流程图也并不是唯一的。

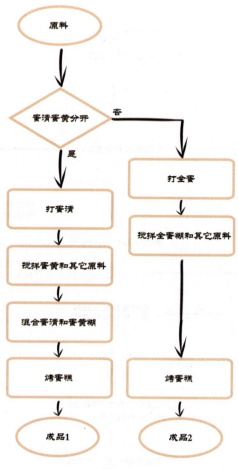

图 2-29

第3章

计算机是如何运行的

第 2 章介绍了控制流程，让计算机来执行这些逻辑上的流程控制是我们编写计算机程序的目的。对于一个计算机程序而言，只有流程是不够的，还必须有数据。就好像对于一个生产产品的流水线来说，只有工序和步骤是不够的，还得有原料被这些工序步骤来加工才可以。有了对数据和计算机原理的了解，我们就能理解计算机是如何运行的。

下面先介绍数据的概念。

3.1 数 据

3.1.1 信息数字化

现实世界由万事万物构成，而计算机能够处理的只有数据。说得更直接一点，计算机能够处理的其实都是数字。因此，当我们用计算机来协助处理日常事务的时候，首先要做的一件事就是数字化。

在实践中，通常存储在计算机存储设备上的数字化数据是二进制形式的，但严格来说，任何把模拟源转换为任意类型数字格式的过程，都可以叫作数字化。

数字化是指将信息转换成数字格式的过程，具体而言，就是把图像、声音、文本或信号转化为一系列数字的集合：

- 一张图片的数字化是将其分割成若干像素，每个像素用 R（red，红色）、G（green，绿色）、B（blue，蓝色）这 3 种颜色分量对应的 3 个 0~255 的值来表示。

- 一段声音的数字化则是将记录下来的模拟声波经由傅里叶变换转化为若干三角函数的叠加。
- 文字的数字化是针对不同字符体系进行编码的，将某个字符转化为一个特定的数字"号码"。
- ……

20 多年前，"数字化"就像前几年的"云计算""大数据"和这两年的"人工智能"一样，是一个网络热词。

那个时候还没有"自媒体"的概念，但"数字化"覆盖了从书籍、期刊、报刊到广播、电视的一切媒体形式。

1995 年，MIT 教授兼媒体实验室主任尼古拉·尼葛洛庞帝（Nicholas Negroponte）出版了畅销书 *Being Digital*，被译为《数字化生存》。

Being Digital 以数字化为主线，阐述了信息技术对未来生活、工作、教育的改变，是一本带有预言性质的著作。

在被称之为中国互联网**"盗火"**时代的 20 世纪 90 年代后期，*Being Digital* 在中国的影响很大。书中提及的**"预测未来的最好办法就是创造未来"**这一观点影响了一代人，其中就包括那些后来批量崛起的中国互联网企业家。

20 多年过去了，尼葛洛庞帝在 *Being Digital* 中的许多预言已经成为现实，尤其是涉及计算机和互联网普及的部分。曾经是家庭昂贵消费品的计算机成为人人随身携带的物品（如智能手机），"数字化生存"已经从概念变成一种生活方式。

3.1.2　数据化与数据

把事物数字化是使其得以被计算机处理的基础。

如今，计算机的分层技术已经解决了将实际存储的信息形式和显示信息的形式分离。虽然实际存储在计算机电器元件中的信息是二进制的，但是作为计算机的操作者，我们通过计算机输出设备看到和听到的，以及通过输入设备传递给计算机的，仍然是日常的文字、图像、音频和视频等。

对于在计算机中存储的信息，我们统一称之为**数据**，而不再用"数字"一词。因此，事物的数字化其实又可以称为"数据化"。

如今，手机几乎成了人们的一个身体器官，只要在清醒状态，就不时地在查看其中的 App。

大量的商品都可以通过文字、图片、音频、视频被了解，通过点击手机屏幕达成交易，再被物流带到我们身边，或者直接以数字化的形式被消费（如电子版的书籍、媒体信息、影视剧、音乐等）。

在这个过程中，我们每个人也在被数据化——电商平台、社交平台、媒体平台通过我们的行为和喜好为我们打上一个个标签，归属为各种类别（如图 3-1 所示）。再通过各类算法越来越精准、个性化地向我们推销商品、诱导消费，乃至操控我们的思维和观念。

图 3-1

将事物、概念数据化，是今天所有的这一切得以实现的基础。

3.1.3　数据的组织

当我们把百万甚至上亿级别的事物数据化之后，首先面对的一个任务就是将它们组织起来，使其有序化，容易被找到，在增删修改后也可以通过尽量少的操作重新使其有序化。唯有如此，我们才能使用这些数据。

人类对数据、信息的组织和整理并不是到了计算机时代才出现的。

在计算机被发明出来之前，生活在不同国家和文明中的人们就已经发明了虽有差异但根本原则十分接近的数据组织方法，这些方法的集中表现就是图书馆对书籍的组织形式。

无论是西方的图书馆还是东方的藏书楼，都有很大的室内空间，有一排排的书架，书架上放着很多书。整个图书馆（藏书楼）可能很大，有很多层，每层有很多房间，每个房间都摆满了书架，每个书架上都摆满了密密麻麻的书籍（如图 3-2 所示）。

图 3-2

如何从这浩如烟海的书籍中迅速找到我们想要的那本书呢？当有一本新书进来的时候，放到哪里才能让它像其他书一样容易被找到？

真实的图书馆管理工作背后有一套复杂的理论和实践方法（Library Science），简单归纳为如下几个基本原则：

- 所有的书籍排列都有一种内在的顺序。
- 某本书所在的具体位置相对固定，并且和这本书的属性（如书名、著者、内容等）相关。
- 增减某些书籍后，不会影响其他书籍所在的位置。
- ……

为了满足这些原则，东方和西方的先人们发明了各种类型的图书分类法、图书排列法、索引法、目录组织法等，用来存储与组织书籍。

在这一系列方法的指导下，一本书进入图书馆后，会按照既定原则被放置到某个特定位置，而不是随处乱扔。有人要借阅它的时候，通过某种检索手段可以直接获取该书所在的位置，而不用四处乱翻。

3.1.4　数据结构

前面提及，数据结构就是数据的组织方式。

单纯说"数据的组织方式"比较抽象，所以可以将数据结构想象成一个容器：

- 这个容器中容纳了若干某种类型的数据。
- 一个"容器"内部的数据之间是有关系的，这种关系使我们能够在查找的时候快速找到目标数据。
- 对一个容器中的数据进行对其内容有影响的操作（增加新的, 删除旧的, 修改原有的），必须遵守和容器相关的限制，不能任意胡来。

下面以图书馆中的书籍为例解释"容器"和数据的关系。

假设现在有**两个图书馆**：A **图书馆**和 B **图书馆**。

A **图书馆规定**：所有的图书纵向排列，第一本放在第一个书架最上层的最左侧，第二本放在第一个书架次上层的最左侧，依次向下，一旦到了最底层则再返回最上层。

B **图书馆规定**：所有的图书横向排列，第一本放在第一个书架最下层的最左侧，第二本挨着第一本放在其右侧，依次向右，一旦一层占满，就再向上一层排列。

假如 A 图书馆和 B 图书馆都有两卷本的《红楼梦（上、下）》，偏偏《红楼梦（上）》在 A 图书馆和 B 图书馆内都位于 201 室第 18 个书架第 3 层的左 12 位置。那么在哪儿能找到《红楼梦（下）》呢？

显然，在 A 图书馆就应该去 201 室第 18 个书架第 2 层（从下往上数）左 12 位置找，在 B 图书馆就得去 201 室第 18 个书架第 3 层的左 13 位置找。

A 图书馆还规定：最开始每个房间布置 20 个书架，每两排书架之间都要空 3 米，一旦现在的书架不够用，就把屋内所有书架的距离调小 1 米，在空位置上放新书架。

B 图书馆对应的规定如下：最开始每个房间布置 40 个书架，然后就不允许再挪动。但每占满 3 个房间，就要空 1 个房间。一旦现在的书架不够用了，就在新房间布置新书架。

现在 A 图书馆和 B 图书馆都新购买了一批小说，原来的 201 室的书架均已满，新小说应放在哪里？

按规定，A 图书馆的 201 室会重新排列书架，新书放在 201 室第 21 个书架上。B 图书馆则不会改变 201 室的布置，而是在原本空着的 204 室布置书架，把所有的新书都放在 204 室。

计算机领域的数据结构多种多样，说起来，"容器"本身都差不多，都是计算机内部的一个存储空间，造成数据结构之间差距的是内部数据的相互关联方式和对其进行操作的限制。

这些不同虽然各具特色，但**目标都是共同的**：使被组织起来的数据可以以一种高效的方式被访问和修改。

3.2　计算机原理浅释

本书的后续章节会陆续讲解计算机领域最基础的线性数据结构：数组和链表。线性数据结构在操作数据时会有诸多限制。

为了明确数据结构受限的原因，也为了讲解指令在计算机中是如何被执行的，我们需要先从**计算机硬件的体系结构**开始。

3.2.1　电子计算机的前世今生

从人、算盘到专用计算器

计算机对应的英文单词是 computer，这个词在英语中原本是指从事数据计算的人。即使到了 20 世纪六七十年代，许多从事计算工作的人仍然被称为 computer。

图 3-3 是 1949 年 NASA 的人形计算机（Human Computers）。

由于计算任务的必要性，又因其规则非常烦琐，同时计算过程需要大规模的超强劳动，通过工具或设备来代替人承担计算任务一直是人类的追求。从古老的算筹、算盘等简易工具，到计算尺、手摇计算机（见图 3-4）等机械工具，都是这种追求的体现。

到了 20 世纪前半叶，为了满足科学计算的需求，人类发明了使用电子模拟器或液压机械的模拟计算机，但它们都是用来进行特定问题计算的。

图 3-3

图 3-4

这类计算器具内置了固定用途的程序，形象地说，就是程序被"焊死"在机器中，一旦机器制造出来，程序就会固定，既不能修改也不能删除。

现在某些特定类型的计算机依然维持这样的设计方式，通常是为了简化或达到教育目的。例如，便携式计算器内置了固定的数学计算程序。

通用计算机

20 世纪三四十年代，随着社会的发展，人们对计算机性能和通用性的需求越来越强烈。

1936 年，英国数学家**图灵**（见图 3-5）提出了一种被称为图灵机（Turing Machine）的抽象计算模型，用来模拟人们用纸和笔进行数学运算的过程。

这个数学模型**从理论上证明了通用计算的可行性**，也因此成为现代电子计算机的计算模型。

1937 年，美国数学家**香农**（见图 3-6）发表了《对继电器和开关电路中的符号分析》。

图 3-5　　　　　　　　　　　　　　图 3-6

《对继电器和开关电路中的符号分析》的发表标志着**二进制电子电路设计和逻辑门应用**的开始,为人们制造模拟图灵机的物理机器提供了基础元器件。

20 世纪 40 年代,欧美各国制造了一系列电子计算机,如 Z3、ABC、Colossus Computer 和 Mark I 等。

电子数值积分计算机(Electronic Numerical Integrator And Computer,ENIAC)是其中的翘楚,由美国陆军资助建造,是世界上第一台通用计算机。

ENIAC 由电路管线构成,通过编程来解决各种各样的计算问题。与现在的编程不同,在 ENIAC 上编程需要重新设计电路连接方式,并由一个人类小组重新配接线路才可以。

图 3-7 就是 ENIAC 的编程小组在重构电路连接。

图 3-7

3.2.2　冯·诺依曼结构

以冯·诺伊曼(见图 3-8)为代表的一批数学家、计算机科学家在使用 ENIAC 和 Mark I 等计算机时发现了存储的重要性。

1945 年 6 月 30 日,ENIAC 机密计划的安全官戈德斯坦发表了一篇由冯·诺伊曼撰写的 101 页的报告,史称《EDVAC 报告书的第一份草案》,其中提出了"**冯·诺伊曼结构**"(von Neumann Architecture)。

图 3-8

冯·诺伊曼结构是一种指导计算机各主要部件组织方式设计的理论结构,如图 3-9 所示。

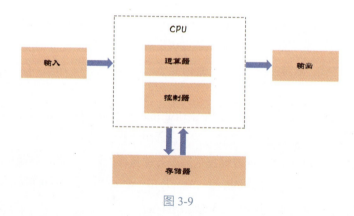

图 3-9

冯·诺依曼结构主要包括以下几个要点。

- 计算机硬件由运算器、控制器、存储器、输入设备和输出设备五大部分组成，其中运算器和控制器组成中心处理单元（CPU）。
- 指令是单个的 CPU 操作，一款 CPU 能够进行哪些操作在设计时就已经确定，指令和数据都是以二进制编码的。
- 存储器中既存储数据又存储指令。

冯·诺依曼结构**将存储设备与处理单元（运算器、控制器）分开**，依据此结构设计的计算机又称为**存储程序型计算机**。

存储程序型计算机改变了"若要改变程序，就要改变计算机线路"的情况。它将运算操作转化成一串程序指令，又**将程序指令当成一种特别类型的数据和其他数据共同存储在存储器中**。这样，一台存储程序型计算机就**可以像变更数据一样改变程序**。

3.2.3 存储空间的地址和内容

存储空间

存储器在逻辑上是一个空间，这个空间被称为存储空间。

存储空间被分为若干存储单元，每个存储单元又分为如下两个部分。

地址 (二进制)	内容 (二进制)
...	... ...
0011	00001100
0010	00100010
0001	00000000
0000	01101101

图 3-10

- **地址**：每个存储单元对应的序号。它是一个编码，标识了数据在存储空间中的位置。
- **内容**：存储单元中存放的信息。

无论地址还是内容均以二进制的形式表示（如图 3-10 所示）。

换言之，存储空间**线性编址，按地址访问**，存储在其中的每条指令或数据，都是空间中存放的内容，它们都拥有自己的地址。

类比仓库

我们可以将存储空间类比成一个**仓库**，里面有许多货架，相当于一个个的存储单元，每个货架都有自己的编号（存储单元地址），货架上还会有相应的货物（存储单元的内容）（如图 3-11 所示）。

如果想要拿到其中的某个货物，我们需要先知道该货物所在的货架编号，然后根据编号找到货架，从货架上把货物取下来。例如，如果要取 001 号货架上的货物，我们把小蓝盒拿下来即可。

反之，放置货物就是将货物放在对应编号的货架上。

由此，可以总结出以下几点：

- 在这些货架上的"货物"，可能是指令，也可能是数据。
- "拿货"就是读操作，而"放置"对应的是写操作。
- 和数据一样，指令可以被读、被写、被修改（用新"货物"替代旧"货物"）；变更指令或数据，都只是修改存储空间中的内容，无须变更硬件设置。

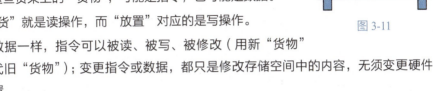

图 3-11

3.2.4 一条指令是如何被执行的

计算机运行的过程就是一条条执行指令的过程。

由运算器和控制器组成的 CPU 是计算机的"执行机构"，与人脑的神经中枢类似，"思维"专用。**CPU 负责按顺序执行程序的每条指令。**

每条指令的执行过程大致如下。

（1）**取指令**（Instruction Fetch，IF）：根据指令地址从存储器中取出相应指令。

（2）**指令解码**（Instruction Decode，ID）：分析指令的操作类型（读/写操作，输入/输出操作，或者算术逻辑运算操作等）和获取操作数的方法。

（3）**执行**（Execute，EX）：完成指令功能（如控制运算器对操作数进行运算），并控制数据在 CPU、存储器和输入/输出设备之间流动。

（4）**写回**（Writeback，WB）：将运算结果写入 CPU 或存储器。

将一个完整的指令执行过程所需要的时间称作一个**指令周期**。

在一条指令被执行完毕，并且结果数据写回之后，若无意外事件（如结果溢出等）发生，则计算机根据程序的控制结构（顺序结构、条件结构、循环结构）确定下一步要执行的指令，开始新一轮的指令周期。

3.2.5 冯·诺依曼结构的直观解释

我们可以将冯·诺依曼结构的计算机比喻为一家餐厅。

- **存储器**相当于**仓库**（见图 3-12）。

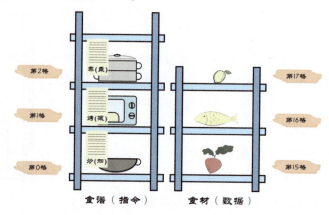

图 3-12

仓库（存储空间）中的货架都有编号，货架上要么放着食谱（指令），要么放着食材（数据）。

- CPU 则相当于**厨师**（控制器）和**炊具**（运算器）。
- 执行一条指令的过程就像做一道菜：
  - ➢ 从仓库中拿食谱——取指令。
  - ➢ 阅读食谱，搞清楚要烹调的方式和要使用的食材——指令解码。
  - ➢ 根据食谱拿食材，并烹饪制作——执行。
  - ➢ 把做好的菜放回货架——回写。

这道菜做完，再做下一道菜。

- 程序更新类似于换菜单。

假设某顿饭总共做了两道菜：炒萝卜和烤鱼，则只用到了第 0 格和第 1 格的食谱。

如果明天客人仍吃两道菜，但不想吃烤鱼，想吃蒸鱼，那么只要把仓库中"第 1 格"的食谱换成"蒸"即可，餐厅的所有硬件（包括厨师）都不会受到影响，其他位置的食谱和食材也不会受到影响。

这就是冯·诺依曼结构的直观解释。

3.2.6 冯·诺依曼结构的应用

现代计算机大部分都基于冯·诺依曼结构。

图 3-13 是一台普通计算机的硬件结构图，我们可以据此了解不同部件和冯·诺依曼结构的对应关系。

图 3-13

- 红框中的 CPU——运算器、控制器。
- 黄框中的内存条——存储器。
- 绿框中的键盘接口和显卡——输入设备和输出设备。

这是一个典型的冯·诺依曼结构。

3.2.7 冯·诺依曼结构的瓶颈

导致瓶颈的原因

冯·诺依曼结构在运行中会出现一个瓶颈，叫作冯·诺伊曼瓶颈（von Neumann Bottleneck），这个瓶颈是由不同计算机部件性能上的差异造成的。

- CPU 的处理速度特别快。
- CPU 与存储器之间的数据传输速率和存储器的容量相比相当小。

这个瓶颈的具体表现如下：CPU 的高效工作与低速的数据传输之间不平衡，**CPU 不得不在数据输入和输出的时候闲置，因此严重影响了整体效率。**

通过直观的例子理解瓶颈

下面继续引用餐厅的例子来说明。

我们的小明厨师是一个超级快手，他的平底锅也是厨界神器，任何食材无论煎、炒、烹、炸全都能 1 秒完成。

但是负责给他拿食谱和食材的助手是一个慢吞吞的"蜗牛"，每次往返一趟厨房和仓库需要 30 分钟，而且能拿的东西还特别少，每次只能拿 50g 以下的东西，食谱还可以一次拿完，如果要拿食材就需要往返几十次或上百次。

在这种情况下，小明只能整天闲着，"蜗牛"先生却累得要死。这个问题会越来越严重，而餐厅的整体运行效率则受限于"蜗牛"先生的工作效率。

缓解瓶颈的办法

针对冯·诺依曼结构的瓶颈，人们尝试了很多办法来缓解。

- 在 CPU 与存储器之间加入高速缓存。
- 采用分支预测（Branch Prediction）算法。
- 通过编程方式的改变（现代函数式编程及面向对象编程），在宏观上减少将大量数值从存储器搬入和搬出的操作。
- ……

这些方法的确大幅度缓解了冯·诺依曼结构的瓶颈问题。

3.2.8 哈佛结构

上面我们提到了和 ENIAC 同时期的电子计算机 Mark I，它虽然不如 ENIAC 那样通用，但是美国第一台大尺寸自动数位计算机，由 IBM 制造出来之后被哈佛大学接管。

Mark I 将指令和数据区别对待，并且**分开存储**，这种结构被称为"**哈佛结构**"（Harvard Architecture）。

因为指令和数据分别存储在不同的存储器中，可以同时读取两者，所以与冯·诺依曼结构相比，哈佛结构的效率更高。

哈佛结构的高效率需要付出很大的代价。

- 哈佛结构比冯·诺依曼结构复杂得多。
- 在动态加载程序时，哈佛结构需要先将静态程序代码作为数据读入数据存储器，再将其传输到指令存储器中。这样既增加了存储负担又增加了传输负担，还使过程非常复杂。

过高的复杂度限制了哈佛结构的推广。

目前，我们日常使用的计算机在整体体系结构上基本上都采用冯·诺依曼结构。但是许多 CPU 内核会采取类哈佛结构的设计，在 CPU 内的缓存中区分指令缓存和数据缓存，这也可以说是在现实应用中冯·诺依曼结构和哈佛结构的一种折中。

第 4 章

万物的抽象：数据结构

控制流程和数据结构是计算机程序的两大要素。第 2 章介绍了控制流程，本章介绍数据结构。

4.1 认识数据结构

下面先介绍两个具体的数据结构样例：数组和链表。它们都属于线性数据结构。

4.1.1 数组

在计算机科学中，**数组**是一种由若干元素组成的集合，每个元素被至少一个索引（Index）或关键字（Key）标识，每个元素的位置都可以通过计算索引得到。

当然，一个元素还可以有 2 个、3 个或更多的索引，因为数组可以是一维的，也可以是二维、三维乃至 n 维的。一般 n 维数组，每个维度都有一个索引。

一维数组，也称为线性数组，形式简单，就是一个线性的序列。二维数组看起来就是数学中二维矩阵的形式，三维数组则是一个数字组成的长方体。图 4-1 中包含了一维数组、二维数组和三维数组。

本书用到的只有一维数组，所以我们暂时不考虑二维以上（含二维）数组的情况。

一个（一维）数组一旦被创建出来，它的**长度**（可容纳元素的个数）就是固定的，访问其中任意一个元素都要使用该元素的**索引**（**又称为下标**）。

小贴士：此后，在本书中只要提到"**数组**"一词，指的就是一维数组。

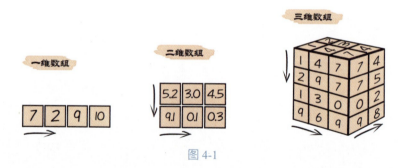

图 4-1

图 4-2 所示的数组的长度是 10,也就是说,它有 10 个位置可以用来容纳元素,这 10 个位置分别对应 0~9 这 10 个下标。

图 4-2

由图 4-2 可知,下标为 0 的位置上的元素是数字 10,下标为 1 的位置上的元素是 20,以此类推。

通过这个例子我们看到,**数组的下标是从 0 开始计数的**。

实际上,从 0 开始并不是唯一的元素索引方法,数组的第一个元素的下标也可以从 1 开始,或者从 n(自由选择的一个数字)开始。

在实践中,一个数组的首元素索引到底从哪个数字开始和编程语言有关系。因为现在主流的编程语言(C/C++、Java 和 Python 等)都是从 0 开始的,所以我们**只考虑从 0 开始索引元素的数组**即可。

4.1.2　链表

链表(Linked List)是一种线性表,通常由一连串节点组成,每个节点包含数据和一个或两个用来指向上一个或下一个节点位置的链接(Links)。

链表又可以分为非循环链表和循环链表。

非循环链表

非循环链表是一种由若干元素组成的有限序列,存在一个唯一的没有前驱的元素(头元素);存在一个唯一的没有后继的元素(尾元素)。此外,每个元素均有一个直接前驱元素和一个直接后继元素。

这类链表中最简单的一种是**单向非循环链表**,如图 4-3 所示。

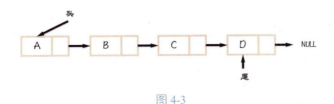

图 4-3

单向非循环链表由若干节点构成,每个节点包含两个域:一个信息域和一个连接域。信息域用于承载数据元素;连接域则保存着一个链接,这个链接指向列表中的下一个节点,而最后一个节点的链接则指向一个空值。

双向非循环链表是一种比单向非循环链表复杂的结构,如图 4-4 所示。

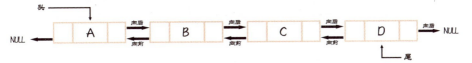

图 4-4

双向非循环链表同样是由若干节点构成的,每个节点包含一个信息域和两个连接域。因此,双向非循环链表有两个链接:一个指向前一个节点(头节点的链接指向空值);而另一个指向后一个节点(头节点的向前链接和尾节点的向后链接指向空值)。

循环链表

有些链表的头节点和尾节点连在一起,这种方式在单向链表和双向链表中皆可实现,从任何一个节点开始都可以走遍链表的每个节点,这种"无头无尾"的链表叫作**循环链表**(Circularly Linked List),它也有单向和双向之分。

- **单向循环链表**(如图 4-5 所示)。

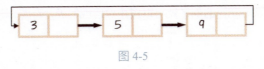

图 4-5

- **双向循环链表**(如图 4-6 所示)。

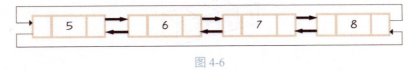

图 4-6

更复杂的链表

链表的结构可以很复杂,如多向链表,每个节点可以包括两个以上的连接域,这些连接可以将链表中的元素按任意顺序组合。

不过，虽然可以很复杂，但最简单的却是最常用的。在大多数情况下，我们用的都是**单向非循环链表**。

小贴士：因为一般常用的链表都是非循环的，所以本书后续部分，如果不特意指明是循环链表，而仅说"链表"时，**指的就是非循环链表**。

故而，将单向非循环链表称为**单向链表**（Singly Linked List），将双向非循环链表称为**双向链表**（Doubly Linked List），

4.2 直观理解数据结构

上面的定义部分看起来可能有点绕，下面从直观角度进行解释。

4.2.1 数组与链表

一维数组和单向链表是常用的数组与链表结构，尤其是前者，可以说是最简单、最基础的，在实际中也是使用最多的数据结构。

一维数组和单向链表比较更加简单、常用，是因为它们是**序列结构**，简单来说就是把若干数据串成一串。

比如，图 4-7 就可以看作一个序列，其中每个水果就是一个元素。

图 4-7

1.1.2 节计算某个家庭花销的例子就可以应用数组或链表。

直观一维数组

一维数组就像一排连在一起的盒子（如图 4-8 所示）：

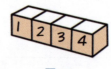

图 4-8

- 盒子的个数（数组的大小）在创建的时候确定，位置也在创建时固定，即盒子之间的相对位置不会改变。

- 每个盒子上都有标号，根据盒子上的标号（Index，又叫索引、下标）可以直接找到这个盒子。
- 每个盒子可以装东西（元素），也可以是空的。
- 空着的盒子可以把东西放进去，有东西的盒子可以把东西拿出来。
- 如果要把一个盒子里原有的东西换成新的，需要如下两个步骤。
  ➢ 把原有的东西拿出来。
  ➢ 把新的放进去。

直观单向链表

可以把单向链表看作如图 4-9 所示的这样一列火车：

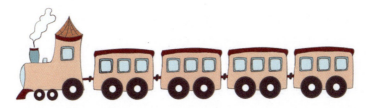

图 4-9

- 在被创建之后，长度（车厢的个数）是可以改变的。
- 每个车厢都有一根"链"连接一个（后）邻居。
- 火车中的车厢就是容纳元素的单位空间，这些空间应满足如下两点要求。
  ➢ 没有标号，访问其中一节车厢，必须从车头开始，依次向后按顺序访问，不能用标号直接找到。
  ➢ 原有的车厢可以卸掉，新的车厢可以加上，即车厢之间的相对位置可以改变。
- 车头和车尾与头尾之间的车厢不同。
- 车厢里一般都会有东西，没有空置的车厢。如果哪节车厢里的货物（数据）被清空，车厢也就没用了，直接卸掉该车厢即可。

4.2.2 数组与链表之同

在数组或链表中，都有一些"位置"，其中每个数据（被称作元素）占据一个独立的位置。

一维数组和单向链表中的元素都是从前到后一个挨着一个，排成一队。

- 除了首元素和尾元素，每个元素都有且仅有两个"邻居"——前邻居和后邻居。

- 首元素只有一个后邻居，尾元素只有一个前邻居。
- 每个元素的"地位"都是平等的，只有相对位置的前后差异，没有从属关系。

无论是一维数组还是单向链表，其中的元素可以是有序的，也可以是无序的。

也就是说，对一个数字元素组成的数组或单向链表而言，从头到尾的数字不一定非要越来越大或越来越小，完全可以先大再小或先小再大。

4.2.3 数组与链表之异

数组和单向链表的不同之处非常明显。

一排盒子从出现的那一刻开始，这一排有多少个盒子就已经确定了，此后盒子的数量不能增加也不能减少。

而一列火车的车厢之间则是由锁链连接在一起的，刚开始的时候可以只有一个车头，然后把一个个车厢用锁链连接。如果想卸载其中一个车厢，就解开该车厢前后的锁链，把这节车厢移除后再将其前邻居和后邻居连起来即可。

数组和链表最基本的区别是静态和动态的区别，它们的符号化表示也很形象地体现了这一点。

- 数组（如图 4-10 所示）

图 4-10

- 链表（如图 4-11 所示）

图 4-11

图 4-10、图 4-11 看起来特别像排盒和火车。

访问（读）和更新（写）

通过对数组和链表进行的类比与对比可以发现，如果我们有一个数据序列，对其**只需要进行访问（读取操作）**，那么选择**数组**比较合适，通过下标可以很快找到要找的元素。

例如，在一个长度为 10 000 的数组中找第 965 个元素，我们直接用这个元素的下标"964"就可以访问到该元素。但如果是在一个单向链表中找第 965 个元素，则需要从头节点开始，向后按顺序访问 965 次才能找到。

但是，如果我们需要在序列中**添加新元素或删除旧元素（更新操作）**，那么使用**链表**就比较方便了。

如果一个数组的所有"空位"都已经被占满,就不能再加入新的元素,除非把原有的某个元素删除。

链表则不受限制,在任意位置都可以断开相邻的两个节点的连接,然后插入一个新节点,删除节点亦是如此。

- 插入节点 E,如图 4-12 所示。

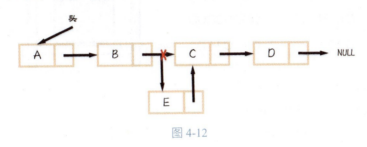

图 4-12

- 删除节点 C,如图 4-13 所示。

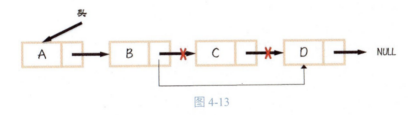

图 4-13

4.3 预留给货物的固定货架:内存中的数组

为什么人们要设计两种这样的数据结构,非要都有"缺陷"不可?为什么不能设计一个既方便读取,又方便插入或删除的数据结构?

这是因为数据结构的设计并非天马行空虚构的,而是要结合计算机硬件的限制来考虑。冯·诺依曼结构的关键是,存储空间分成若干存储单元,每个单元都有序号,单元内放置存储内容。

下面介绍数组是如何"放置"在这样的存储单元中的。

4.3.1 存储空间

无论是指令还是数据,物理上都存储在存储器中,逻辑上都存储在存储空间中。

存储单元和存储在里面的信息可以类比成有编号的货架与放置在其上的货物(见图 4-14)。

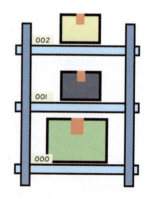

图 4-14

所谓数据结构就是数据的组织方式。

如果把数据类比成货物，那么数据的组织方式就是存放这些货物的方式。

所有货物（数据或指令）都放在仓库（存储空间）中的货架（存储单元）上，那么一种货物的存放方式就需要规定两件事：

- 以何种原则对仓库中的货架进行分配。
- 如何将货物码放上去。

4.3.2　数组：一块连续的存储空间

存储空间的大小

数组在被创建的时候就被分配到某个存储空间中，这个存储空间的**大小**和两个因素有关。

- 数组中每个元素的大小：在一般情况下，每个元素的大小由其数据类型决定，不同数据类型的元素占据的空间可能不同。
- 数组的长度：这个数组最多可以容纳多少个元素。

数据类型有一定的复杂度，此处暂不涉及。本书要处理的都是整（数）型（Integer）数据。

在数据结构既定的情况下，数组占据的存储空间与数组的长度成正比。

分配存储空间

我们在程序中创建一个数组的时候，需要指定它的长度。

计算机在运行程序的时候，可以根据数组长度计算出它所需要占用的空间的大小（占用空间大小 = 单个元素的大小 × 数组长度），这样就可以把所需要的空间全部分配出来。

在程序结束之前，这个存储空间都会属于这个数组，不会用于存储其他数据。即使这个数组自始至终都是空的，里面没有任何数据，这个空间也不会挪作他用。

这就好比，小 A 告诉仓库管理员：给我留 10 个（也可以是 100 个、10 000 个，或者 1 000 000 个）货架，我要装货，于是这 10 个架子就归小 A 了（如图 4-15 所示）。

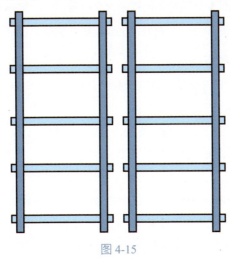

图 4-15

小 A 可以在上面放任意他想放的货物（当然数据类型要相符），他也可以任由它们一直空着，或者有一部分放货物，有一部分空着（如图 4-16 所示）。总之，在小 A 通知仓库管理员不再使用它们之前，这些货架就归小 A 独占，别人都不能用。

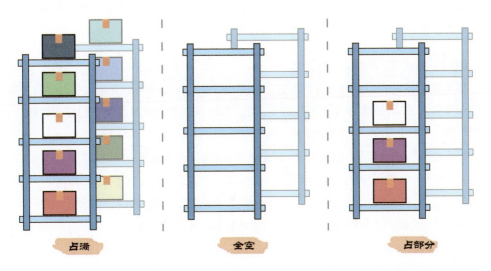

图 4-16

4.3.3 数组的下标

存储单元的绝对地址

地址空间中的每个**存储单元**都有对应的**地址**——在此可以简单地理解为一个序号。这个序号是固定不变的，任何时候这个单元都是这个序号，这叫作存储单元的绝对地址。

也就是说，仓库中的每个**货架**都有自己的仓库统一**编号**，始终如一。

数组元素的相对位置标号

创建了一个数组之后，这个数组可以承载的元素个数就确定了，但是这个数组从具体哪个存储单元开始是不确定的。

也就是说，我们申请到了一系列的货架，这些货架是一个挨着一个的，货架的个数也是确定的，但具体从什么位置开始是不一定的。

在这种情况下，我们可以为数组中每个元素赋予一个相对位置的标号，这个标号就是每个元素相对数组头部（数组的头部就是整个数组的第 1 个元素所在的位置）的偏差值。

在一个数组中，第 1 个元素就是头元素，它的位置与数组头部的偏差（相对位置）为 0，因此它的标号为 0；第 2 个元素的位置和头部偏差为 1，故而它的标号为 1；以此类推，第 n 个元素的位置和头部的偏差为（$n-1$），那么第 n 个元素所在位置的标号为（$n-1$）。

假设某个数组的长度为 10，则最后一个元素所在的位置与头部的偏差为 9，于是最后一个元素所在位置的标号就是 9。

所有这些相对位置，在数组创建时就已经确定。在各个位置上，无论有没有元素，位置标号都是客观存在的，并且在这个数组中是不变的。

数组、数组的存储和元素下标

图 4-17 中这些货架，原本各有各的仓库统一编号（从 90000000 开始）。但是在它们被分给一个名为 arr 且长度为 10 的整型数组之后，每个准备放未来整型数值的位置就都有了一个新的且相对于 arr 头部位置的标号，这个标号从 0 开始，逐个递增 1。

每个位置的原始编号不是递增 1，而是递增 4，这是因为在这里我们假设每个整型值的大小为 4 字节，而内存单元则是每个字节有一个绝对地址。

字节是计算机领域衡量数据大小的基本单位，整型是表示整数的数据类型，同一种数据类型中每个个体的大小都是一样的，具体大小和编程语言有关系。

在大多数编程语言中，整型值都是 4 字节，而 Python 的整型比较特殊，后面会进行介绍。这里我们姑且认为一个整型值占 4 字节。

图 4-18 是表示一个名为 arr 且长度为 10 的数组的示意图。

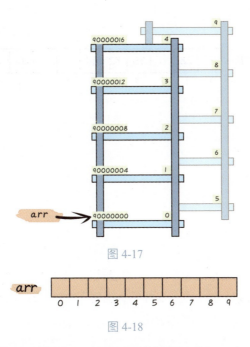

图 4-17

图 4-18

0~9 是 arr 数组中各个元素的下标，根据上面的解释可知，下标对应的是数组中每个元素位置的标号，也就是该元素位置相对于数组头部的偏差。

4.3.4　数组中的元素

数组被创建出来以后，我们就可以把元素放进去，就好像用货物把货架装满一样，如图 4-19 所示。

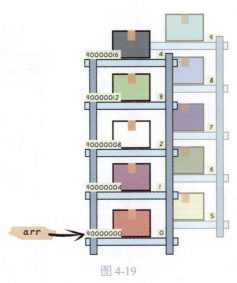

图 4-19

假设图 4-19 对应的数组如图 4-20 所示：

图 4-20

- 数组名：arr。
- 数组长度：10。
- 起始元素下标：0。
- 相邻位置下标增幅：1。

4.3.5　数组的元素值

应如何读取数组中的各个元素？例如，想要知道 4.3.4 节 arr 数组中第 4 个元素对应的数值是什么（在上面例子中对应的值是 35），应如何告知计算机我们的想法？

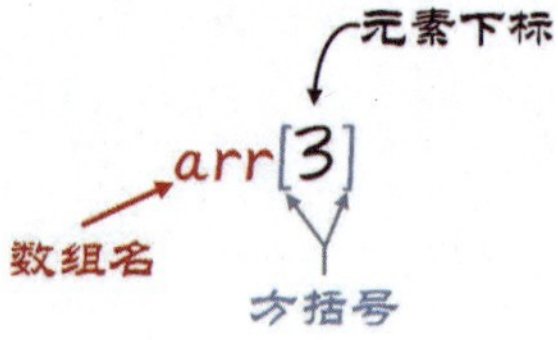

在大多数编程语言中会用如下符号来指代 arr 数组中的第 4 个元素：arr[3]。具体来看图 4-21。

这个组合表示的就是如图 4-22 所示的形式。

图 4-21

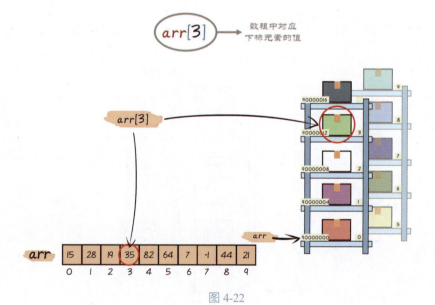

图 4-22

也就是说，在大多数编程语言中，我们用 arr[i] 表示名为 arr 的数组中第(i+1)个元素的值，这里的 i 应该是一个大于或等于 0 并小于数组 arr 长度的整数。在一般情况下，如果 i 小于 0，或者大于或等于数组的长度，程序就会报错。

4.3.6 数组的特性

固定存储空间

在最初的设计层面上，使用数组前必须先为它申请空间。这块空间被申请下来后就固定了，不能改变大小或位置。因此，数组具有如下几个特性：

- 一个数组占据的存储空间大小固定，不能改变。
- 所占据的存储空间是专用的，不能被其他信息占据。
- 所占据的存储空间是连续的，中间不能间隔其他信息。
- 数组中的各个元素可以用数组名和下标直接访问。

数组的优点

数组的数据结构是很方便的，读和写都很直接。

无论多长的数组，要访问其中的某个元素，只要知道它的下标，就能直接访问对应的元素。

数组的缺点

- 占用的存储空间很大。一开始就要把以后所有要用的存储空间都申请下来，就算在很长时间内装不满，也不允许存入其他信息。空置的空间是很可惜的。早年内存贵的时候，这种浪费经常让人不能忍。

目前，虽然存储设备越来越便宜，但是大数据时代又来了，要存储的数据也越来越多，空间还是不可以随意浪费。

- 修改困难。从理论上讲，如果一个数组没有装满，那么所有的空置位置都应该在尾部，而不是到处乱空。

例如，在图 4-23 中的两个架子，左边是错的，右边是对的。

因此，如果为数组中加入新元素，则只能放在尾部，如果要插入中间位置，就要有一些元素被移动（见图 4-24 ）。

反之，如果要删除一个元素，也需要把后面的元素再往前挪一位（见图 4-25 ）。

52　算法第一步（Python版）

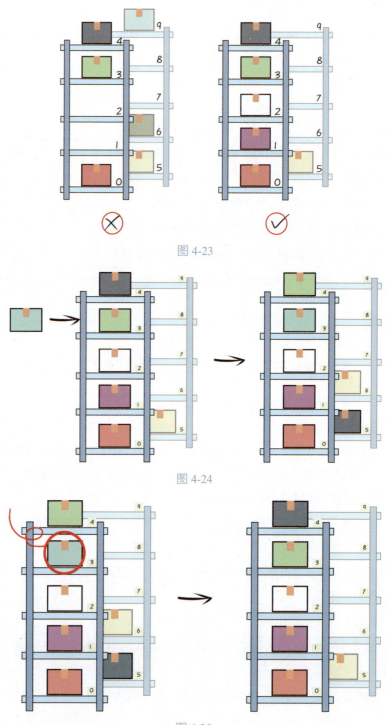

图 4-23

图 4-24

图 4-25

4.3.7 连续存储惹的祸

所有这些限制,都是因为数组是连续的一块存储空间,并且各元素由下标标识。如果不遵守这些限制,数组相应的好处也就得不到。

计算机中大部分的任务主要是读取(看货架上的货物是什么),需要写入(把货物放到货架上去)的任务相对较少。而对于读取任务,数组还是有其得天独厚的优势的。

如果遇到的是写入较多的任务,或者遇到虽然读取比较多但数据动态性很强(里面元素有时很多,有时很少)的任务,应该怎么办?

这时候我们可以启用另一种数据结构:链表。

4.4 见缝插针地摆放货物:内存中的链表

虽然链表和数组是两种不同的数据结构,但它们都是被存储在存储空间上的。前面介绍了数组,本节介绍链表。

4.4.1 链表

如果将两种数据结构中的数据比作货物,那么放置它们的仓库都是一样的,里面都有一排排标好固定编号的货架(见图 4-26)。

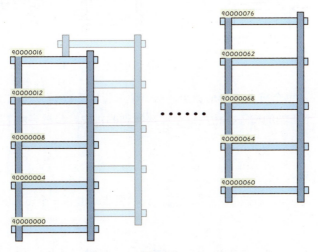

图 4-26

与数组一下预定一系列连续的货架,就算不放货物也要占着不让其他人用的数据组织方式不同,链表是按需分配的——有货物需要存储,才临时申请正好存放这些货物的货架,随时加减。

单向（非循环）链表是最简单的一种链表，其示意图如图 4-27 所示。

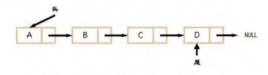

图 4-27

这样的链表由若干连接在一起的节点（Node）构成，每个节点都包含如下两个部分。
- 本节点的数据。
- 指向下一个节点的链接，也就是下一个节点的起始地址。

在仓库里摆起来就是如图 4-28 所示的形式（假设一个链接的占位和数据一样，都是 4 字节）。

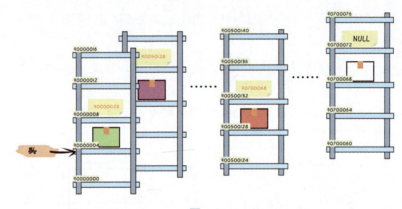

图 4-28

在图 4-28 中，每个节点占两个货架，第一个放货物（数据），第二个放标签，这个标签上写着另一个货架的编号，根据这个编号找到的货架就是链表中下一个节点的起始位置。

单向循环链表

如果将一个单向链表改成单向循环链表，只需要改动最后一个节点的链接，如图 4-29 所示。

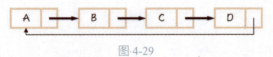

图 4-29

原本在单向链表中，最后一个节点指向下一个节点的链接为空值（表示下一个节点不存在），现在只需要将空值改为原本头节点的起始位置，如图 4-30 所示。

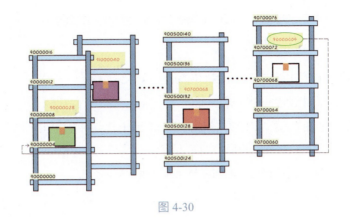

图 4-30

双向循环链表

双向循环链表则是每个节点包括 3 个部分（见图 4-31）。

- 数据。
- 上一个节点。
- 下一个节点。

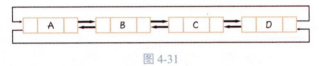

图 4-31

"摆出来"的样子如图 4-32 所示（假设每个节点由向前指针、数据和向后指针依次组成）。

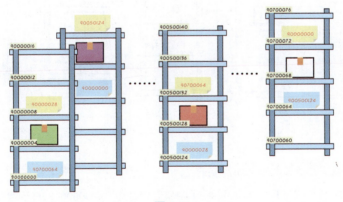

图 4-32

4.4.2 链表的编辑

编辑链表最基本的操作就是插入和删除节点。

下面我们以最常用的单向（非循环）链表为例介绍插入和删除节点的操作。

插入节点

插入节点的操作对于单向链表而言相当简单，可以分为 3 个步骤。

（1）在空闲空间中创建一个新节点。

（2）找到要插入的位置，将原本该位置之前的那个节点的向后链接（指向下一个节点的链接）断开，重建链接指向新节点。

（3）将新节点的向后链接指向其前序节点原本指向的那个位置。

这个过程可以用图 4-33 来表示。

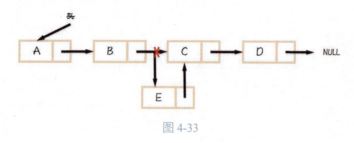

图 4-33

形象化的操作如图 4-34 所示。

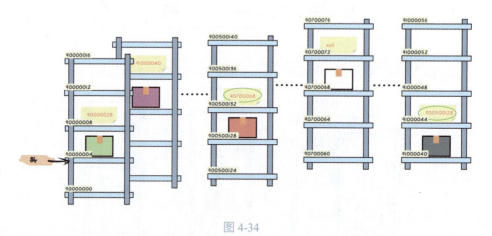

图 4-34

（1）找到有空的货架，申请所需要的空间（一个节点占两个货架）。

（2）找到新节点的前序节点（图 4-34 中是起始地址为 90000028 的节点），把该节点中的链接地址改成新节点的地址。

（3）把新节点的链接地址改成原来 90000028 节点中的链接地址 900500128。

这个过程非常简单。

小贴士：可以在任何有足够空间的位置创建新节点，如图 4-34 所示的 90000012、

90000020、900500136、90700060 等位置都是可以的。

我们放在一个全新的货架上,是为了让大家看得更清楚,并且易于理解:链表中节点的逻辑顺序和实际存放的物理顺序无关。

删除节点

删除节点的操作相对来说更容易。

- 找到要删除节点的前序节点,将前序节点的后向链接改成要删除节点的后向链接。
- 把要删除的节点直接删除(将其原本占据的存储空间释放出来)。

这个过程可以用图 4-35 来表示。

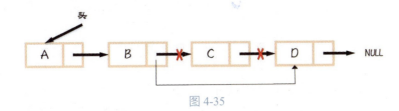

图 4-35

形象化的操作如图 4-36 所示。

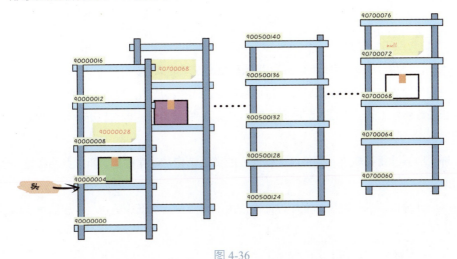

图 4-36

4.5 数据结构的特性和发展

鸟的翅膀使其可以飞翔;鱼的鳃和鳍使其可以纵横水底;虎豹的利爪使其得以成为凶猛的捕食者……不同的动物的生理结构造就了不同的功能。与之相似,不同的数据结构带来了对数据操作管理的不同特性。

4.5.1 特性各异的链表与数组

数据结构表现出来的差异,是其在存储系统中的实现方式导致的。一下就占用成百上千甚至更多货架的数组,和每次只能申请两三个小格子的链表,归置货物的方法肯定是不一样的(如图 4-37 所示)。

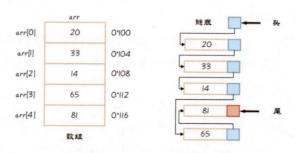

图 4-37

凡事都有代价,数组在自己被预先划定的范围内可以随便访问任何一个单元,操作简便,但一旦遇到突破范围的情况就很难应对。虽然构建链表的每个节点很烦琐,但增删操作灵活得多。

4.5.2 数据结构的发展

当然,到此为止我们介绍的数组和链表都是最原始的概念。

在现代计算机早期的发展阶段,各种编程语言还很不成熟,编程人员采用 01 代码或低级语言进行编程(关于编程语言后面会专门讲解),需要直接根据对应的存储地址获取数据或指令。

那个时候计算机软件和硬件所能够允许的数据结构也非常简单,所以数组和链表泾渭分明。

随着计算机技术的发展,程序设计语言也不断演变,从低级语言、中级语言逐渐过渡到高级语言。

和早期的直接通过地址访问存储空间的方式不同,逐步发展的高级语言把对数据的访问和对存储空间的操作加上了层层包装。

Java、Python 等语言的开发者,已经基本上不需要再管理程序消耗的存储空间——这些烦琐的事情可以交给程序的运行环境来做,开发者则可以把重心放在算法本身。

高级程序设计语言对数据的管理能力越来越强,于是出现了多种大小可变、与硬件无关的数据类型。这些新的数据类型的出现,使结合数组和链表的优点成为可能。Python 语言中就出现了这样的数据类型,这个后面会讲。

第 5 章

复杂一些的数据结构：图和树

前面介绍了两个线性（序列）数据结构：数组和链表。本章介绍两个常用的非线性数据结构：图和树。

本章并不会涉及代码层面，仅讨论作为抽象数据类型的图和树。所谓抽象数据类型（Abstract Data Type，ADT），指的是计算机科学中数据结构的数学模型或语义。抽象数据类型是纯粹的理论实体，仅定义其上可执行的操作及这些操作的效果的数学约束，而不涉及具体的实现。

抽象数据类型既便于用来简化描述算法，也便于初学者理解复杂的数据结构。

5.1 图

图结构是一种相对复杂，但与许多现实事物的客观状态非常贴近的数据抽象。

5.1.1 图的定义和分类

在图论中，图是一种由一个对象集合组成的结构，这个集合中存在若干相互联系的"对象对"。

经过数学抽象，这些对象被抽象成**顶点**（Vertice），也可以叫作**节点**（Node），每对关联对象之间的联系被抽象成**边**（Edge），也可以叫作**弧**（Arc）。

图 5-1 就是一个图结构的示意图。

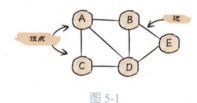

图 5-1

有向图和无向图

图中的边可以有方向,也可以没有方向。

边有方向的图叫作**有向图**(Directed Graph),反之叫作**无向图**(Undirected Graph)(如图 5-2 所示)。

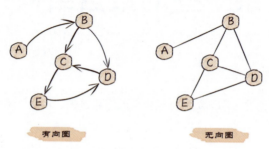

图 5-2

图中所有的边都没有方向才能叫无向图。

有向图所有的边都必须有方向吗?是否可以有的边有方向,有的边没有方向呢?

无向边和有向边的区别如下:无向边就是被连接的两个顶点可以互通;而有一个方向的有向边连接的两个顶点,只能从其中一个顶点到另一个,反之不可以。

如果有向边的方向是双向的呢?例如,图 5-3 中的顶点 2 和顶点 3 之间的有向边是双向的。

双向就是无向,因此,只要一个图中有了一条有向边(单向),就可以使所有无向边都变成双向的,以此达到所有边都有方向的效果(如图 5-4 所示)。

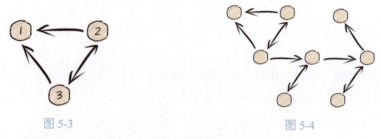

图 5-3　　　　　　　　　　　图 5-4

也就是说,**只要包含一条单向边,那么该图就是有向图。**

5.1.2 相关概念和算法

图中还涉及一个重要的概念：**环**（Cycle）。

环的定义很直接：在图中一条由边组成的路径，从一个顶点出发可以回到它自身。

图 5-1~图 5-4 中都有环。

根据有无方向、有无环等属性，可以将图分成很多类型，如简单图、多重图、连通图、有向无环图、完全图、二分图、正则图等，在此不做详述。

图的遍历算法是图的算法中最常用且最重要的。

所谓遍历，可以简单地理解成"走一遍"。毕竟图论的起源就是著名的柯尼斯堡七桥问题。

柯尼斯堡七桥问题

18世纪东普鲁士柯尼斯堡（今俄罗斯加里宁格勒）市区横跨普列戈利亚河，河中心有两个小岛，和河的两岸有7座桥连接，如图 5-5 所示。

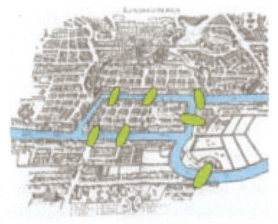

图 5-5

于是，有人提出这样一个问题：在所有桥都只能走一遍的前提下，如何才能把这个地方所有的桥都走遍？

很多人经过了多种尝试都没有成功，但认为这并不能说明永远都不会成功。

欧拉与图论

直到 1735 年，莱昂哈德·欧拉指出，没有方法能圆满解决这个问题。欧拉在 1736 年发表了《柯尼斯堡的七桥》，严格证明了符合条件的走法是不存在的。欧拉的论文成为**图论的先驱**，后来经过众多数学家的研究，才建立了数学的分支：图论。

欧拉在 1736 年发表的《柯尼斯堡的七桥》中提到的问题是遍历问题中的一种：**一笔画**

问题。除此之外，遍历还有其他几种方式。

图的遍历问题本身就是一个大问题，其中包含若干子问题，这里不做详细讨论。

小贴士：因为和图相关的算法难度大都比较大，所以并不适合初学者学习。

本书暂不涉及和图相关的算法。因此，对于图，我们仅仅知道其数学定义就可以。需要注意的是，一旦遇到图相关的算法，遍历算法是绝对不能被忽略的基础算法。

5.2 树

树结构的结构性限制比普通的图更严格，但正是这种严格带来了在操作和使用上的高效率与便利。

5.2.1 树的定义

数学中的树

在图论中，**树**（Tree）**是一种无向图，任意两个顶点之间存在唯一一条路径**。或者说，只要是没有回路的连通图就是树。

换言之，数学上的**树**其实是图的一个子集，**是一种特殊的图**。

虽然树也是一种相对复杂的数据结构，但是因为它的应用非常广泛，而且部分基础算法的难度并不太大，所以虽然本书并未讲述和树有关的算法的细节，但是我们有必要了解作为计算机领域数据结构的树。

计算机领域中的树

计算机领域中的树和图论中的树并不完全相同，**计算机领域中的树是可以有方向的（当然也可以没有），而且作为数据结构的树一般都是有根树**（Rooted Tree）。

- 所谓有根树是指其中有一个特殊的节点：根节点。
- 有根树是分层的，每层中包含若干节点，属于同一层的节点互为兄弟（Sibling），但它们相互之间没有连接（边）。
- 每个节点都只能连接它上面那层的某个节点。在相互连接的两个节点中，上面那层的节点称为父母（Parent），下面那层的节点称为孩子（Child）。
- 父母可以有多个孩子，但一个孩子只能有一个父母。最上层的那个没有父母的节点叫作根（Root），没有孩子的节点叫作叶子（Leaf）。

图 5-6 就是一棵这样的树：

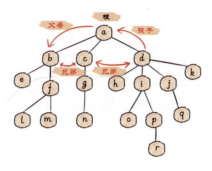

图 5-6

- a 节点是根节点，并且是 b 节点、c 节点和 d 节点的父母。
- b 节点、c 节点和 d 节点是 a 节点的孩子，b 节点、c 节点和 d 节点是兄弟，如此逐层类推。
- 每个分支末端没有孩子的节点都是叶子节点。

一棵有根树的层数叫作这棵树的**高度**，图 5-6 所示的这棵数的层数就是 5。

虽然理论上有根树中某个节点的孩子数可以是任意正整数，但当一棵有根树被构建出来以后，每个节点的孩子的数量就是确定值。如果孩子最多的那个节点的孩子数为 n，那么这棵树就叫作 n 叉树。

在图 5-6 中 $n=4$，所以这就是一棵四叉树。

5.2.2 二叉树

每个节点最多可以有两个孩子的有根树叫作**二叉树**（Binary Tree）。

- 二叉树中每个节点的两个孩子分别叫作左孩子和右孩子。
- 以其中某个节点的左孩子和右孩子为根分离出的子树，叫作该节点的左子树和右子树。

子树是指以某个节点为根，由这个节点及其所有子孙及其间边组成的集合，它是原树的子集。

- 二叉树的分支具有左右次序，不能随意颠倒，如图 5-7 所示。

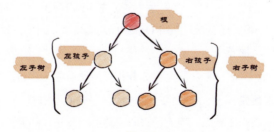

图 5-7

二叉树是有根树的一个特例，它节点的最大分支度为 2，分支还有左右之分，这些限制都是普通树没有的。

但恰恰是这些限制使二叉树具备了很多普通树所没有的性质，也因此使其在计算机领域能够作为一种常用数据结构支持许多高效算法。

二叉树是一种非常重要的数据结构，当我们在计算机领域讨论树的时候，绝大多数情况下都是指二叉树。

二叉树本身还可以分为多种细化类型，每种类型都有一些特殊的性质。本书不对这些性质以及实现层的树的表示和存储等问题展开介绍，有需求的读者可以阅读相关书籍进行了解。

5.3 遍历算法

遍历算法是一种对于树和图都很重要的算法。

5.3.1 树的遍历和图的遍历

在计算机领域中，树或图的遍历是指按照某种规则，不重复地访问树的所有节点的过程。具体的访问操作可能是检查节点的值、更新节点的值等。不同遍历方式访问节点的顺序是不同的。

因为树是图的一个子集，所以树的遍历属于图的遍历的子集。图的遍历的原则主要有**深度优先**和**广度优先**两种。

这两种遍历原则对于树也同样适用。又因为有根树是树的一种，二叉树是有根树的一种，所以二叉树的遍历也分为深度优先和广度优先两种。

但在实际应用中，对二叉树而言，深度优先用得更多。

下面具体介绍二叉树的深度优先遍历算法和广度优先遍历算法。

5.3.2 二叉树的深度优先遍历算法

二叉树的深度优先遍历算法又可以分为 3 种：先序遍历（Pre-Order Traversal）、中序遍历（In-Order Traversal）和后序遍历（Post-Order Traversal）。其中，先序遍历、中序遍历和后序遍历所指向的主体是**根节点**。

先序遍历、中序遍历、后序遍历实际上是**先根序遍历**、**中根序遍历**和**后根序遍历**。

这 3 种遍历算法的**区别**在于：在访问一棵树时，是先访问根节点，在"半截 / 中间"访问根节点，还是在最后访问根节点。但无论采取哪种遍历算法，都要满足以下几个要求：

- 把一棵树拆成左子树、右子树和根 3 个部分。
- 将左子树、右子树分别作为两棵树，再将它们分别拆分为左子树、右子树和根，如此层层拆分。
- 直到一棵子树只有一个节点为止。

图 5-8 所示的这棵树就是二叉树。

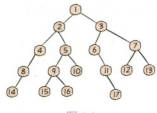

图 5-8

对图 5-8 所示的二叉树进行层层划分，如图 5-9 所示，红色圈内是左子树，绿色圈内是右子树，没有被圈上的是根节点。

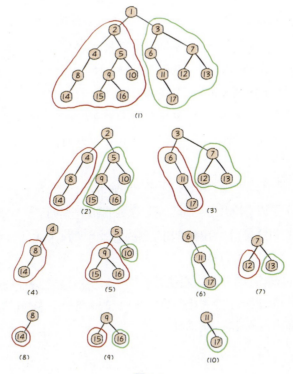

图 5-9

中序遍历的过程如下：

（1）先遍历根节点的左子树。

（2）然后访问根节点。

（3）最后遍历根节点的右子树。

在遍历子树的时候，也遵循"左子树→根→右子树"的原则。

我们对二叉树进行中序遍历，遍历结果用序列表达，应该是 {{ 左子树遍历结果 },1,{ 右子树遍历结果 }}。

对左子树、右子树的遍历结果再进行细化，直到一棵树的左子树和右子树都只有 0~1 个节点为止，如图 5-9 所示的（7）~（10）那样，这 4 棵子树算是"到了头"，无法再细分。

按中序遍历，图 5-9 中（7）~（10）这 4 棵子树的遍历结果如下：

- （7）子树的输出为 {12, 7, 13}。
- （8）子树的输出为 {14, 8}。
- （9）子树的输出为 {15, 9, 16}。
- （10）子树的输出为 {11, 17}。

然后将这些输出代入上一层，（4）~（6）这 3 棵子树的遍历结果如下。

- 将（8）代入（4），得出（4）子树的输出为 {{14, 8}, 4}。
- 将（9）代入（5），得出（5）子树的输出为 {{15, 9, 16}, 5, {10}}。
- 将（10）代入（6），得出（6）子树的输出为 {6, {11, 17}}。

将目前的输出再代入上一层，（2）和（3）这两棵子树的遍历结果如下。

- 将（4）和（5）代入（2），得出（2）子树的输出为 {{14, 8, 4}, 2, {15, 9, 16, 5, 10}}。
- 将（6）和（7）代入（3），得出（3）子树的输出为 {{6, 11, 17}, 3, {12, 7, 13}}。

将（2）和（3）子树的输出代入顶层，整棵树的遍历结果如下。

- 将（2）和（3）代入（1），得出整棵树最终的输出为 {{14,8,4, 2, 15, 9, 16, 5, 10}, 1, {6, 11, 17, 3, 12, 7, 13}}。

先序遍历的顺序是根→左子树→右子树；后序遍历的顺序是左子树→右子树→根。它们具体逐层深入的方法和中序遍历是相同的。由于树的遍历操作并不是本书要详细讲解的算法，所以读者对本节内容做直观了解即可。

5.3.3 二叉树的广度优先遍历算法

与深度优先遍历不同，广度优先遍历先访问离根节点最近的节点。

二叉树的广度优先遍历又称为**按层次遍历**，就是从根节点开始，每层从左到右，把当前层遍历完之后再进入下一层,每层都是从最左侧节点开始的。

例如,如果图 5-8 所示的二叉树按广度优先遍历,则是图 5-10 所示的顺序。

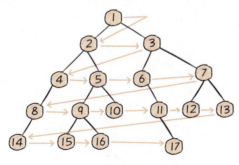

图 5-10

最后的输出为 {1, 2, 3, 4, 5, 6, 7, 8, 9, 10, 11, 12, 13, 14, 15, 16, 17}。

关于树的操作还有很多,如构建、查找、旋转等。每个操作都有相应的一种或多种算法,都很重要,但遍历是所有算法中最基础的。

5.4 图和树的现实意义

图和树之所以非常重要,是因为在现实中很多事物的抽象结构就是图或树。

5.4.1 图的抽象

例如,前面提到的柯尼斯堡七桥问题,原本是两座小岛、两岸和 7 座桥;再加上两岸的建筑等,画出来就是一幅很复杂的地图,如图 5-5 所示。

现在,我们要研究如何不重复地经过这 7 座桥,除了桥、岛和岸,其他地貌、建筑都可以忽略,这样就变成如图 5-11 所示的形式。

图 5-11

又因为要研究的是"经过"桥,所以把 7 座桥的相对位置和连通方式表达出来即可。

于是,进一步把桥抽象成边,将它们的起止点抽象成顶点,就有了如图 5-12 所示的图(Graph)结构。

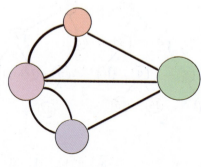

图 5-12

5.4.2 树的抽象

树结构的抽象更常见,具体案例如下。

案例 1:图 5-13 是利用 16S 核糖体 RNA 绘制的系统发生树。系统发生树(Phylogenetic Tree),又称演化树或进化树(Evolutionary Tree),是一种用来表明具有共同祖先的各物种之间演化关系的有根树结构。

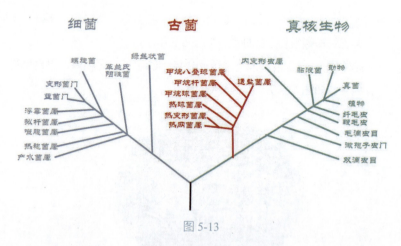

图 5-13

图 5-13 中树的根在最下面,将它倒过来,就是一棵我们非常熟悉的树。其中,3 个最大的分支分别为细菌、古菌和真核生物。

案例 2:计算机的目录结构也是有根树(如图 5-14 所示)。

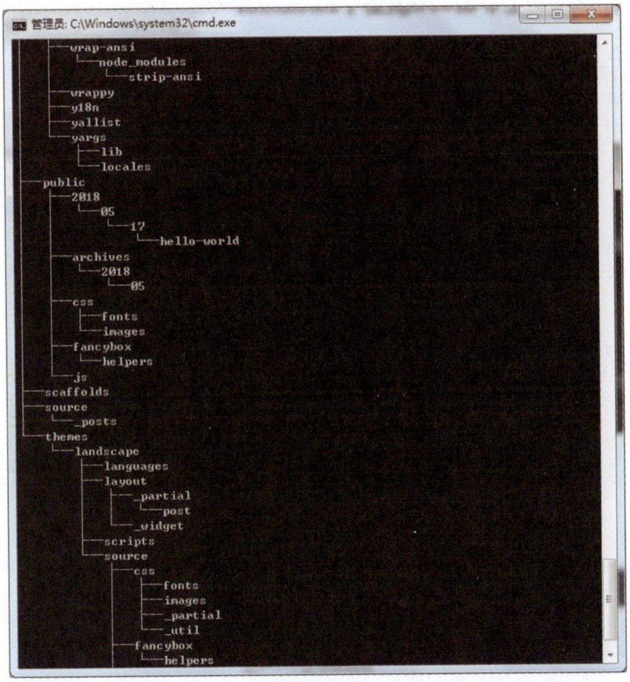

第5章 复杂一些的数据结构：图和树   69

图 5-14

在 Windows 操作系统下，命令行用 tree 命令就可以看到目录树。

案例3：企业的组织架构图也是典型的有根树（如图5-15所示）。

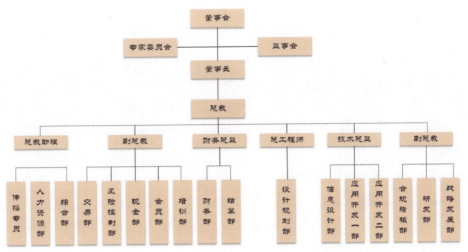

图 5-15

案例4：与组织架构类似，家谱也是一种有根树结构（如图5-16所示）。

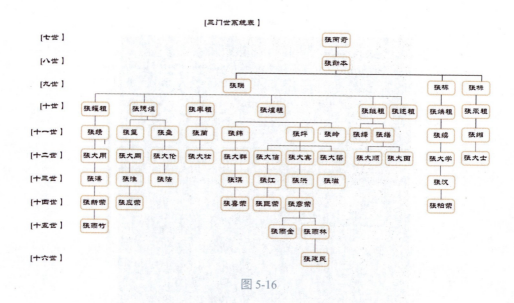

图 5-16

5.5 图和树

前面提及,树是图的一种特例。因此,所有的树都是图,但并非所有的图都是树。

5.5.1 树是图的真子集

- 树中节点有清晰的层级关系。

小贴士:在有根树中所有的连接都是从根开始且向叶子蔓延的。

- 树中没有环。

5.5.2 树比图更加严谨

简单来讲,**相对于图,树的限制更多**。因此,与典型的图(非树的那些图)相比,树形结构更加严谨。

下面用一个非常直观的案例来阐述。

如果一本小说中的人物关系基本上是树或森林(多棵树)形状的结构,那么相对而言,小说的结构就比较规整,小说作者对于全局的掌控力比较强,整体的人物设置、情节安排乃至背景一般都是经过精心设计的。

但如果小说的人物关系是一张图(有环、无序),那么整体结构一般相对松散,作者在创作时的随意性较大。

我国四大名著主体人物的设置都是树或森林结构。

- 《红楼梦》中的四大家族。
- 《三国演义》中的政治军事集团。
- 《水浒传》中108将聚义后的梁山。
- 《西游记》中的西天、天庭体系。

而一些未经文学家整理的民间著作，比较典型的有各种评书、评话作品，往往缺乏自始至终的整体设计，而是"想到哪儿说到哪儿"。

对这类作品而言，一部书能有一个贯穿始终的人物（书胆）就很不容易了，但很多书往往缺乏统一的整体设计，经常忽然出现各种与之前情节毫不相关的新人物和支线。这样的书，描绘人物关系的图几乎无法确定根、枝、叶，只能围绕书胆绘制成一张无向有环图。

例如，《雍正剑侠图》以侠客童林为书胆，一会儿天南一会儿地北，各色奇形怪状的人物轮番出现，是一幅"雍正剑侠图"。

第 6 章

第一行Python代码

前面介绍了编程的基础知识（3 种控制流程和 4 种数据结构）和计算机的基本工作原理。

在开始编写程序之前，我们需要先从整体上了解编程语言和编程环境。

6.1 跟你的计算机聊天：编程语言

6.1.1 什么是编程语言

编程语言首先是一种语言。

语言是信息的载体。人们借用语言这一载体来记忆、加工信息。因此，语言也是思维的工具。

自然语言是人类在生产、生活中自然发展起来且用于日常交流的语言，如中文、英文、德文、法文、日文等都是自然语言。因为是自然而然形成的，所以自然语言往往存在重复表达、一词多义、一义多词等歧义现象。

程序设计语言（也可以叫作编程语言）与自然语言相对，是人造的语言。程序设计语言是一种人为（通常由个人或者小团队）设计出语素、语法、语义和语用的符号系统，也是人－机通信的工具，专门用来表达计算机程序。

人们在创造过程中已经**尽量避免了这类语言的冗余多义**。毕竟算法本身是不允许有歧义的，那么用来描述它的语言最好能够在自身体系中就规避了歧义。

我们可以从多个不同角度对各种编程语言进行分类，具体如下：

- 根据应用领域分类，可以分成科学计算语言、文本处理语言、嵌入式语言、数据库语言等。
- 根据使用方式分类，可以分成交互式语言和非交互式语言。
- 根据对底层的操作，可以分为低级语言和高级语言。
- 根据计算方式分类，可以分为编译执行语言和解释执行语言。
- ……

各种分类标准不一而足，同种语言也可以根据不同标准被同时打上不同的标签。例如，某种语言可以既是高级语言，又是编译执行语言，同时还是文本处理语言。这主要是依据需要而定的，读者不必过多纠结编程语言的分类标准。

但是，在诸多分类标准中，最常使用的还是根据对底层操作划分的低级语言和高级语言。

6.1.2 从低级语言到高级语言

低级语言

1951 年，美国兰德公司制造了完全符合冯·诺依曼结构的第一台电子计算机 UNIVAC-1，当时的人们直接采取机器语言进行编程。计算机内部实际存储和运行的是二进制的 0-1 代码，于是人们也就直接写仅由 0 和 1 两个符号组成的机器码（Machine Code）。

当然不是用笔写，而是通过在纸带上打孔来表示 0 和 1（特定位置上有孔为 1，无孔为 0），然后用特殊设备读取纸带（如图 6-1 所示）。

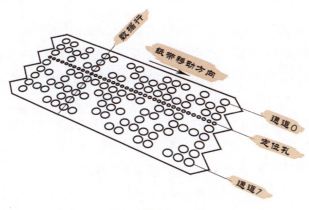

图 6-1

这种方法持续使用了很多年。笔者的大学老师是 20 世纪 60 年代初攻读的计算机专业，当时他们编程就是采用这种方法。

可想而知，要记住一堆 0-1 代码并用之来表达指令和指示数据地址非常麻烦。于是人们想出了把操作码改成容易记住的字符的方法，如此形成的符号表及使用方法就成了汇编语言（Assembly Language）（如图 6-2 所示）。

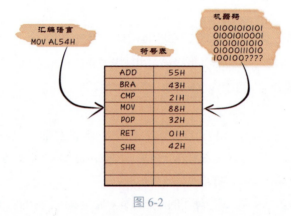

图 6-2

其实，汇编语言和机器码基本上是一一对应的，但汇编语言还有带来了一些变化：

- 开始了计算机程序新的编写运行方式：程序员写源代码→翻译程序译码→计算机运行翻译成的目标码。
- 编程语言开始向着让人容易看懂的方向演进。

机器语言和汇编语言直接提供操作码与地址码，是面向机器的编程语言，因此，它们被称为低级语言。目前，机器码已经整体被弃用，但汇编语言仍然有一些特殊的用途。在某些处理器简单存储容量小的设备（主要是特种嵌入式设备）上，汇编语言有其不可替代的优势。

（中）高级语言

有低级语言当然就有高级语言。高级语言是指独立于机器的编程语言。

1954 年出现的 Fortran I 是第一个高级语言，它通过编译机制彻底脱离了机器。

其后，Fortran 历经演变，其他高级语言也层出不穷。目前流行的绝大多数编程语言，如 Pascal、C/C++、C#、Java、Perl、Python 等，都属于高级语言。

还有一种不太规范的提法，叫作中级语言，是指那些在编程时仍然可以操纵机器硬件特征（如字位运算、取地址、设中断、申请/释放存储空间、寄存器加速等）的语言。C 语言有时也被归属于这种语言。但中级语言这种说法并不常用。

小贴士：我们一般认为除了低级语言都是高级语言。

6.1.3　编译和解释

编译执行

从用户角度来看，编译执行需要用户先把程序源代码写好，然后提交给编译器（一个软件），由编译器将其编译成目标代码（机器码），如图 6-3 所示。

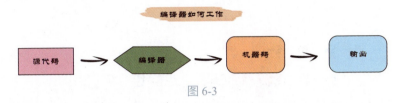

图 6-3

执行程序时，被加载到计算机内部存储器中运行的是目标代码而不是源代码。

编译执行的语言最典型的就是 C 语言，而 C++、Fortran、Pascal、Ada 等也都是编译执行的。

解释执行

解释执行则是对源代码的翻译与执行由解释器（一个软件）一次性完成，不生成可存储的目标代码，如图 6-4 所示。

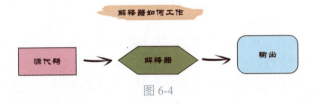

图 6-4

早期的 Basic 就是解释型语言。

编译和解释

编译执行多了一个目标码的生成，看起来更麻烦，但凡事代价和收益都是平衡的。

目标码需要编译生成，而且和硬件绑定（换一台机器也许就不能用了），但经过了针对当前硬件环境的优化，在执行过程中控制权在用户程序自己。

解释执行跳过了编译，但运行时的控制权归解释器所有。解释器给用户最直接的感受就是慢，而且用户还很难通过改进程序来优化其效率。毕竟，无论理论上设计得多好，运行起来就不归自己（用户程序本身）管了。

但解释执行的一个好处是，同样的程序可以随意移植到其他硬件和操作系统的机器中，只要这些机器上也有解释器就可以，而不必像编译执行那样，换一台机器或操作系统就要重新编译一次。

6.2 直观感受不同的编程语言

有人类比化学元素周期表制作了一张"编程语言周期表"（如图 6-5 所示）。

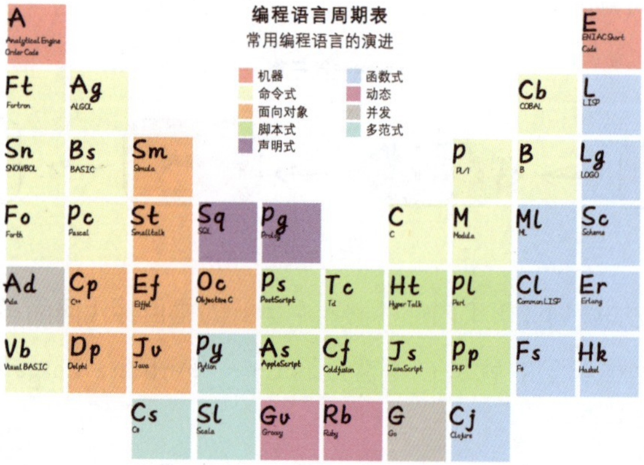

图 6-5

"编程语言周期表"中的每行表示一个年代。第一行是 20 世纪 50 年代之前,第二行是 20 世纪 50 年代,之后分别是 20 世纪 60 年代、70 年代、80 年代、90 年代、21 世纪初。不同的颜色则表示不同的编程范型。

"编程语言周期表"的第一个语言(左上角)是 1837 年由 Charles Baggage 和 Ada Lovelace 创造的分析机代码,其实就是后者用前者发明的机械式分析机计算伯努利数的详细算法说明。后来,这段算法说明被认为是世界上第一个计算机程序。因此,Ada Lovelace 也被认为是世界上第一位程序员。

为了纪念 Ada Lovelance,1980 年 12 月 10 日,美国国防部创造了一种以 Ada 命名的计算机编程语言——排在"编程语言周期表"第 22 位。

6.3　一条可爱的小蟒蛇:Python语言

6.3.1　主流编程语言

存在这么多编程语言,如果打算从事与编程相关的工作,我们需要学习多少种?

其实,这些语言并不都是常用的。其中经常被用到的也不过 10 种左右。

图 6-6 是 2002—2018 的 TIOBE 编程语言排行榜。

小贴士:TIOBE 编程语言排行榜是根据互联网上有经验的程序员、课程和第三方厂商的数量,并使用搜索引擎(如 Google、Bing、Yahoo!)及 Wikipedia、Amazon、YouTube 统计出的排名数据,反映了编程语言的热门程度。

由图 6-6 可以看出,Java、C/C++、Python 等语言多年来一直占据主导地位。

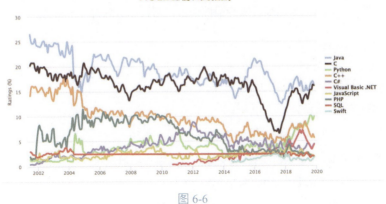

图 6-6

本书选择的是 Python。

6.3.2 为什么选择 Python

根据以高收入国家 Stack Overflow 问题阅读量为基础的主要编程语言趋势统计（见图 6-7）可以看出，近年来，使用 Python 的人数逐渐超过 Java 和 JavaScript，成为高收入国家增长最快的编程语言。

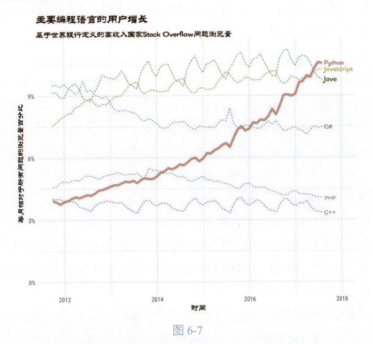

图 6-7

也就是说，Python 的普及率存量虽然还不是第一位，但增量（至少在高收入国家）已经是第一位了。

Python 成为高收入国家增长最快的编程语言，与其自身的特点分不开。

6.3.3　Python 的特性

Python 主要有以下几方面特性：

- 是一种解释型语言。
- 支持过程式、面向对象和函数式编程。
- 支持动态类型，不需要专门声明变量类型，就可以直接赋值。
- 提供垃圾自动回收机制，能够自动管理内存。
- Python 的解释器几乎可以在所有操作系统中运行，所以 Python 具备跨平台属性。

Python 的**设计哲学**是优雅、明确、简单，强调代码可读性高且语法简洁。

因此，从最直观的角度来看，Python 就一种"亲人"的语言。

Python 的**设计者希望** Python 可以达到如下目的：

- Python 程序员能够用尽量少的代码表达想法，而无须顾忌底层实现。
- 同样的功能，不同的人实现起来代码最好尽量一致。

我们在使用 Python 编程时，可以把重点放在程序的逻辑上，而不必一边考虑如何实现功能，还要考虑这些数据放在哪里，以及操作会不会互相影响等。

Python 还有一个很重要的特征：**可扩展性**。

- Python 语言的核心只包含最基本的特性和功能，而大量复杂的针对性功能，如系统管理、网络通信、文本处理、数据库管理、图形界面、XML/JSON 处理等，都由其标准支持库来实现。
- Python 提供了丰富的 API 和工具，所以程序员能够用 C、C++ 等语言编写扩展模块，再通过 API 与 Python 集成。也正是如此，Python 又被称为"胶水语言"，常被用来调用其他语言编写的模块或工具。

Python 的可扩展性使 Python 社区提供了大量的第三方支持库，功能覆盖科学计算、机器学习、Web 开发等多个热点领域。有了 Python，程序员简直可以做任何事情。

Python 最大的缺点就是慢，它的解释执行机制、动态数据类型设定、可扩展性等设计都造成它的运行效率低下。

其实，大多数程序并不需要很快的运行速度。尤其是对于这门课程而言，我们需要编写的都是基础算法，输入的数据很少，Python 的速度对我们来说是足够用的。

需要注意的是，Python 在很多时候被当作解释型语言，因为它有一个虚机起到和解释器类似的作用。但其实 Python 程序也需要编译，只是没有直接编译成机器码，而是编译成一种特殊的字节码，然后在虚机上用解释方式执行字节码。图 6-8 是 Python 的编译执行示意图。

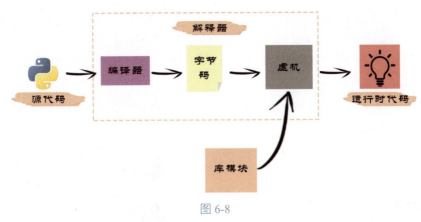

图 6-8

严格来讲，Python 在计算方式上是**混合型**的，但通常被**归为解释型语言**。

6.3.4　结合数组与链表的优点的列表

前面已经介绍了数组和链表，这两种数据结构各具优势：

- 数组的优点：每个元素可以通过下标直接访问。
- 链表的优点：长度不受限制；可以灵活地插入或删除数据。

Python 语言定义了一种**融合数组和链表的数据结构**：List（中文译名为列表）。

Python 中的列表是一种序列结构，序列中的每个元素都有一个索引（可简单理解成下标），通过索引值，可以直接访问其中任意一个元素的值。

列表的长度随时可变，既可以在结尾处添加新元素，也可以在序列中间插入或删除元素，操作非常方便。

需要说明的是，本书所讲述的算法基本上都要用到逻辑上的数组数据结构——一个定长，不能插入或删除节点，可以用下标直接访问元素的序列。

虽然在编写程序实现算法时，Python 代码中会用列表类型来充当数组使用，但为了体现数组的基本特征，我们在使用列表时尽量不添加或删除节点。

这样做也是为了让大家虽然用 Python 实现算法，但学习到的经典算法原理和思想保持"纯正"，未来也能够相对容易地用其他语言实现算法。

6.4 Python的编辑、运行环境

要学习编写 Python 程序，我们当然要安装 Python 的编辑和运行环境。为此，我们需要安装两个软件——Python 3 和 PyCharm（Community Version），这两个软件都是免费的。

6.4.1 顺序安装

下载 Python 3 的某个稳定版本（例如 Python3.6.6）和 PyCharm 之后直接在准备用来编程的机器上运行安装即可。

先安装 Python 3（见图 6-9），再安装 PyCharm（见图 6-10），这样在 PyCharm 中选择运行环境就非常方便。

图 6-9

图 6-10

6.4.2 创建项目

打开 PyCharm 后直接创建一个项目（Project）（如图 6-11 所示），并指定其解释器路径（如图 6-12 所示）。

图 6-11

图 6-12

之后编写的代码都放在这个项目下面，既方便管理又方便运行。

6.4.3 开始编写第一个程序

Python 3 和 PyCharm 都安装好以后，需要测试运行环境是否正常。

测试运行环境的过程：编写一个程序运行一下，看其运行过程是否正常，能否得到预期的输出。比如这样：

（1）创建一个 Python 文件——后缀为 .py 的文本文件。

- 可以用 notepad 创建，然后用 PyCharm 打开。
- 也可以直接用 PyCharm 创建：右击 PyCharm 中的项目名（Project Name）→ New → Python File（单击），显示如图 6-13 所示的对话框。

（2）在新出现的空白文件中填写代码（如图 6-14 所示）。

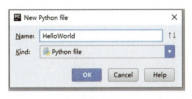

图 6-13

图 6-14

（3）直接右击 HelloWorld.py 文件的标题，选择 "Run 'HelloWorld'" 命令（见图 6-15）就可以直接运行。

图 6-15

运行结果如图 6-16 所示。

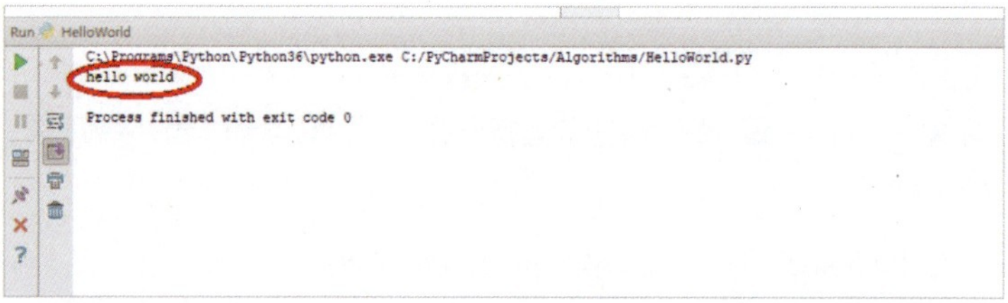

图 6-16

图 6-16 中红圈圈中的部分就是这个程序的输出。

能够正常输出就说明安装是成功的，运行环境和 IDE 都已经可以正常工作。

下面会介绍这个程序代表的含义。

6.5　第一个Python程序：让 Python小蟒蛇动起来

写完静态的程序代码，如何让它运行呢？

6.5.1　你好世界

打印"hello world"

6.4 节编写了第一个 Python 程序（如图 6-17 所示）。

图 6-17

整个程序只有一行：print（"hello world"）。

这里的 print() 是一个 Python 内置函数，函数概念会在后面解释，这里暂且理解成一个命令。

print() 函数的功能就是打印（在默认输出设备上输出）它后面括号中的内容。

在本程序中，print 后面括号中是一个字符串"hello world"。

整个程序的功能非常简单，就是在输出端输出"hello world"。

程序对世界的问候

虽然功能简单，但其正确运行可以证明 Python 运行环境和 IDE 都安装成功且配置正确。

对任何编程语言来说，输出都是最基本的功能。因此，在所有编程语言中，都有诸如 Python 中 print() 函数功能的关键字或函数用来完成类似的功能。直接输出一个确定的字符串，是所有有输出的程序中最简单的。

因此，大多数时候，无论使用什么语言编程，在安装好（编译）运行环境之后，第一个要写的程序就是打印一个字符串。不仅可以测试环境，还可以为初学者展示一个最基础的代码示例。

历史由来

1972 年，加拿大计算机科学家 Brian Kernighan 在贝尔实验室用 BCPL 语言（C 语言的前身）写出了第一个 hello world 程序。

几年之后，Brian Kernighan 和 C 语言的创造者 Dennis M. Ritchie 合作，共同撰写了第一本关于 C 语言的书，即 *THE C PROGRAMMING LANGUAGE*，书中有一段样例程序打印了"hello，world"。

从此之后，打印"hello world"就逐渐成了编程的开篇传统。

6.5.2 运行 Python 程序的几种方式

Python 程序的运行有多种不同的方式。

在 IDE 中直接运行

就是前面介绍的，在 PyCharm 中直接右击程序文件，选择运行当前程序（如图 6-15 所示），就可以运行 Python 程序。

使用 IDE 这种方式非常**直接**，并且可以在 IDE 中逐步 Debug，十分方便。

对应的**缺点**如下：在 IDE 中运行程序，相当于在原本的程序外面又"包"了一层。这样，Python 程序的运行不仅受运行环境的影响，还受 IDE 的影响，运行效率有所下降，甚至可能因为 IDE 的 Bug 导致原本正确的程序出现问题。

Bug，Debug 后面会具体阐述，在此处先知道这些名词即可。

虽然缺点客观存在，但真正出现问题的概率很小。对我们来说，这种方式**最方便、最好用**。另外，本书中的代码都很简单，所以我们可以在 IDE 中直接运行。

采用这种运行方式，所有的输出会显示在专门的输出窗口中（如图 6-18 所示）。

命令行运行 Python 文件

在命令行直接通过 Python 的运行命令执行 .py 文件。

Python 的运行命令非常简单，就是"python"，后面放要运行的文件的相对（或绝对）

路径即可，如图 6-19 所示的第一行那样。

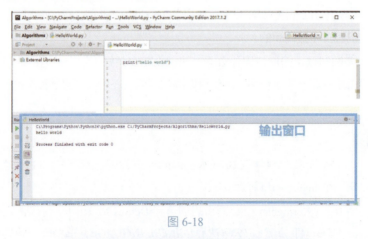

图 6-18

```
c:\PyCharmProjects\Algorithms>python HelloWorld.py
hello world
```

图 6-19

所有的输出都在命令行界面直接实现。图 6-19 中的第二行就是运行 HelloWorld.py 文件的输出。

这种运行方式直接在运行环境中运行 Python 脚本（Python 文件），不受 IDE 的影响，对于已经确认正确并且需要反复运行的 Python 脚本非常合适。

但是如果要一边编辑程序一边试运行，这种运行方式就会稍微有点麻烦。

运行 Python 命令

我们还可以在 Python 运行环境中分步运行 Python 代码。

具体方法则是在命令行输入"python"，需要注意的是，后面不跟任何文件路径，直接按回车键（如图 6-20 所示）。

```
c:\PyCharmProjects\Algorithms>python
Python 3.6.0 (v3.6.0:41df79263a11, Dec 23 2016, 08:06:12) [MSC v.1900 64 bit (AMD64)] on win32
Type "help", "copyright", "credits" or "license" for more information.
>>>
>>>
>>>
>>>
```

图 6-20

只要出现了">>>"，就说明已经进入运行环境，可以直接输入 Python 语句（如图 6-21 所示）。

```
c:\PyCharmProjects\Algorithms>python
Python 3.6.0 (v3.6.0:41df79263a11, Dec 23 2016, 08:06:12) [MSC v.1900 64 bit (AMD64)] on win32
Type "help", "copyright", "credits" or "license" for more information.
>>>
>>> print("hello world")
hello world
>>>
```

图 6-21

每输入一个 Python 语句，对应的输出就会直接显示在下一行。

我们一般用这种方式来运行一两个临时语句，验证某条语句语法的正确性，或者查看某个支持库是否被安装等。真的用这种方式来编程、写算法还是很麻烦的。

本书后续程序代码都推荐采用第一种运行方式。

6.5.3 编程语言的基本概念

表 6-1 是编程语言和自然语言中概念的大致对照，虽然不严格但是很直观。

表 6-1

自然语言	编程语言
词汇	关键字、操作符、表达式
语法	句法（Syntax）
习惯用法（俗语、成语等）	函数、库函数
段落	代码块（Block）
文章	程序

表 6-1 中的概念不是 Python 专有的，而是绝大多数编程语言都会涉及到的。

传统的教学方法会在开始时一个个讲解这些概念。但笔者认为这种方法的效果不太好，不如先建立一个大致的轮廓，用到什么再具体介绍什么。

下面先着重介绍 print() 函数的用法。

6.5.4 Python 中的 print() 函数

内置函数

print() 是 Python 3 中一个非常重要的内置函数。

小贴士：print() 函数在 Python 2 中只是一个关键字，到了 Python 3 中才成为一个函数。这也就导致在 Python 2 和 Python 3 中打印输出的语法不同。因为本书采用 Python 3，所以后续提及的 Python，如果没有特殊说明，都是指 Python 3。

内置函数，是指那些在 Python 最核心的运行环境中已经被实现了功能，无须安装任何额外的支持库就可以使用的函数。

虽然 Python 的功能异常强大，画图、制表、数据处理、机器学习、深度学习无所不能，但其实大部分功能都是依靠支持库来实现的，真正的内置函数还不到 70 个。

这些内置函数都非常常用，而其中最常用的就是 print() 函数。毕竟从第一个程序开始，我们就需要打印输出。

功能强大的 print() 函数

print() 函数可以打印出各种花样。其中有些和后面介绍的变量概念及列表等数据类型有关，有需要时再介绍，这里先介绍最基本的字符串和数字的打印。

打印字符串

print() 函数可以直接打印字符串，具体示例如下。

代码 6-1

```
print("hello world")
```

还可以把几个字符串拼接起来打印，具体的拼接办法有多种，下面先介绍最简单的几种：

- 用"+"连缀字符串，被相加的字符串首尾相接。
- 用","分隔多个字符串，被分隔的字符串打印出来的效果也是首尾相接，但是每个字符串之间会多一个空格。
- 用"%s"可以将一些小字符串嵌入一个大字符串中。

下面这个程序中包含上述 3 种字符串拼接方法。

代码 6-2

```
print("Today is " + "Monday")
print("Today:", "Monday")
print("Today is %s, and the main course of our dinner will be %s." % ("Monday", "Fish"))
```

上面这些代码可以放在一个新创建的 Python 文件中，如图 6-22 所示。

图 6-22

然后还是右击 Python 文件运行，输出结果如下：

```
Today is Monday
Today: Monday
Today is Monday, and the main course of our dinner will be Fish.
```

print() 函数打印字符串的时候，被打印字符串需要被引号引起来，使用双引号和单引号都可以，下面两行代码是同样的含义：

```
print("Today is %s, and the main course of our dinner will be %s." % ("Monday", "Fish"))
print('Today is %s, and the main course of our dinner will be %s.' % ('Monday', 'Fish'))
```

输出结果也是相同的：

```
Today is Monday, and the main course of our dinner will be Fish.
Today is Monday, and the main course of our dinner will be Fish.
```

无论是以单引号还是双引号作为引用的标识，如果我们要打印的字符串中有同样的引号，Python 解释器是否会发生误会？

如果不做任何处理，当然难免发生误会。所以，我们要告诉解释器，哪个引号是用来把打印目标"引起来"的，哪个是打印内容。

方法很简单，在作为打印内容的引号前面加一个反斜杠"\"，此处的反斜杠叫作转义字符，具体示例如下。

代码 6-3

```
print('Tom asked: "Where is my ball?"')
print("Jack's brother hided a ball behind Jack's body.")
print("Jack told his brother: \"Bob, don't do that. You should return the ball to Tom.\"")
print('Bob cried. Tom\'s sister tried to console him, but didn\'t succeed.')
print('Tom shouted loudly: "Return my ball! Otherwise, I will call you \'The Thief\'all the time!"')
print("Tom's sister said: \"No, he is a little boy, not a thief. Let's play together with the ball.\"")
```

对应的输出结果如下：

```
Tom asked: "Where is my ball?"
Jack's brother hided a ball behind Jack's body.
Jack told his brother: "Bob, don't do that. You should return the ball to Tom."
Bob cried. Tom's sister tried to console him, but didn't succeed.
Tom shouted loudly: "Return my ball! Otherwise, I will call you 'The Thief' all the time!"
Tom's sister said: "No, he is a little boy, not a thief. Let's play together with the ball."
```

通过上面的示例，我们可以了解如何用反斜杠转义符。

打印数字

print() 函数打印数字更方便,直接在括号中写数字(整数、小数都可以)即可,不用加引号,具体示例如下。

代码 6-4

```python
print(3)
print(5.96)
```

输出结果如下:

```
3
5.96
```

另外,还可以直接在 print() 函数的括号中放置算式,打印的结果就是计算结果,具体示例如下。

代码 6-5

```python
print(6-2)
print(7.5/3)
print((3-1.12)*10/4*(2-3.325)+3*2-5/10)
```

输出结果如下:

```
4
2.5
-0.7275
```

打印数字与字符串的混合

数字也可以嵌入字符串中。但两种嵌入有所不同,具体如下:

- 将字符串嵌入字符串时,在嵌入位置用"%s"标识。
- 将数字嵌入字符串时,在嵌入位置可以用"%s"标识,也可以用"%d"标识。

如果用"%s"标识,则数字完全被当作字符串处理;如果用"%d"标识,则对应数字的整数部分会被作为字符串输出,而小数部分根本不会输出。

请注意代码 6-6 中"%s"、"%d"及对应数字的实现。

代码 6-6

```python
print("The price of this %s is %d dollars." % ("hotdog", 4.0))
print("The price of this %s is %s dollars." % ("hotdog", 4.0))
print("The price of this %s is %d dollars." % ("meal", 12.25))
print("The price of this %s is %s dollars." % ("meal", 12.25))
```

输出结果如下:

```
The price of this hotdog is 4 dollars.
The price of this hotdog is 4.0 dollars.
The price of this meal is 12 dollars.
The price of this meal is 12.25 dollars.
```

读者可以尝试多做几组来体会其中的区别，也可以图省事，直接将所有字符串或数字都用"%s"标识。

前面还介绍了两种拼接字符串的方法（用"+"和","），这两种方法也可以用于数字与字符串的拼接。两种方法的不同之处如下：

- 如果用"+"，则需要将数字也转化为字符串，用另一个 Python 内置函数 str()。
- 如果用","，则数字可以直接作为一个分项，而无须事先转化为字符串。

下面的例子是这两种用法的实现，除了 str() 函数，读者还需要注意各个小字符串中的空格。

代码 6-7

```python
print("Monday Food: " + str(2) + " Apples " + "and " + str(3) + " Carrots")
print("Monday Food:", 2, "Apples", "and", 3, "Carrots")
```

输出结果如下：

```
Monday Food: 2 Apples and 3 Carrots
Monday Food: 2 Apples and 3 Carrots
```

记住 print() 函数的用法

上面介绍的只是 print() 函数用法中很小的一部分，但却是最常用的那部分。

编程语言中的函数就像自然语言中的短语、成语或俗语，是一种约定的用法。不用的时候，感觉记的是一堆没有用的东西，等到需要在程序中打印的时候，就有"书到用时方恨少"的感觉。

print() 函数是程序最直接的输出，也是在不使用任何额外工具的情况下 Debug 程序的最直接手段，这些我们在今后的代码中会慢慢见到。

现在我们要做的仅仅是把上面介绍的这些用法记住。也许一开始是死记硬背，但是在毫无基础的时候也只能如此。

第 7 章

开始用Python语言编写程序

编写程序只会打印语句肯定是不行的,至少要能用编程语言表达前面介绍的3种控制流程和4种数据结构才行。

下面从几个基础概念开始,学习如何用 Python 语言编写程序。

7.1 数据值和数据类型

数据是所有计算机程序必须要处理的内容,为了能够更好地处理数据,几乎所有的编程语言都设置了数据类型。下面先介绍数据和数据类型这两个概念。

7.1.1 数据的抽象和具象含义

数据有**抽象**和**具象**两层含义,具体如下:
- 前者是统称,泛指所有的具体数据。抽象的数据是计算机加工处理的对象。
- 具体的一条数据则表现为数据值。值是对事物形态、特征的表达和度量,包含的内容十分广泛。

下面列举一些具体的**数据值**:某甲的年龄;某乙的电话号码;某建筑物的经度和纬度坐标;某地区人口普查的统计结果;某国的 GDP 在不同产业间的分布;某只股票在某时段内的涨跌;某款 App 的下载地址;某公司的组织结构;等等。

7.1.2 数据类型

客观事物多种多样,度量它们的值自然也分为不同的类型。

数据类型是所有编程语言都会涉及的概念，并且所有编程语言都有一些基本类型，部分编程语言在基本类型之外还有扩展类型，有的编程语言允许用户自定义数据类型。

对于几乎所有编程语言来说，下面几种类型都是基本类型（包括但不限于）。

- 整（数）型：表示整数，取值为 {⋯, −2, −1, 0, 1, 2, ⋯}。
- 实（数）型：可以分为定点型和浮点型，表示小数，取值为 {⋯, −3.78, ⋯, −0,5, ⋯, 0.0, ⋯, 1.0, ⋯, 5.83, ⋯}。
- 字符型：表示一个个字符，取值为 {⋯, 'A', ⋯, 'Z', 'a', ⋯, 'z', '0', ⋯, '9', ⋯, '.', ⋯, '#', '*', ⋯}。
- 布尔型：表示真假，取值为 {True, False}。

以这些基础类型为构件，可以构造出一些复杂的结构类型。例如，前面介绍的数组，每个数组中可以包含多个某种基础类型的数据值。其中存储的元素数据值的类型也是数组自己的类型。

不同的编程语言在扩展类型上差别很大，但大多数高级语言都支持数组和串（字符串），字符串就是一个字符的序列，如"hello world"就是一个字符序列（一串字符），字符串是一种非常重要的数据类型。

除此之外，还有一些扩展类型在高级语言中也比较常见，如结构、元组、记录、列表、表格等。

虽然数据类型繁多缭乱，但常用的不过几种，本书只涉及整型、浮点型、字符型、布尔型、字符串，以及整型数组、浮点型数组、字符数组和字符串数组。

7.2　标　识　符

编程语言表述的每个数据都有一个名字，这样程序员才能在程序中对其进行操作。程序员可以自己选用一个具有特定含义的词或符号，规定该词或符号代表某个数据，这个词或符号被称为**标识符**（Identifier），就是该数据的名字。

也就是说，这个名字是程序员为这个数据命名的，叫什么都可以。当然，不同的编程语言对标识符的要求是不同的：

- C 语言规定：标识符由字母（A~Z, a~z）、数字（0~9）和下画线"_"组成，并且首个字符不能是数字，但可以是字母或下画线。
- Java 语言和 Python 语言的规定与 C 语言基本相同。
- Java 语言增加美元符号"$"作为标识符。
- Python 语言对下画线有专门的规定。

> 以单下画线开头（_foo）的代表不能直接访问的类属性，需要通过类提供的接口进行访问，不能用"from xxx import *"导入。
> 以双下画线开头（__foo）的代表类的私有成员。
> 以双下画线开头和结尾（__foo__）的**代表Python语言中特殊方法专用的标识**，如 __init__() 代表类的构造函数。

一般来说，一个数据的标识符最好采用能够表达该数据意义的单词进行命名。

数据和它的标识符（名字）

简单来说，为数据命名主要有如下几个原因：

- 在我们编写这个程序的时候，这个数据的值具体是多少，我们还不知道。

例如，我们编写一个计算房间面积的程序，需要有房间长和宽的数据，只要知道了长和宽，将它们相乘就是房间面积。

但是这个时候我们还不知道长和宽的具体值（是长5m、宽3m，还是长10m、宽7m），可能需要等到程序运行起来之后才能得到。

这个时候，我们可以先用一个标识符（名字）代替未来才能知道的具体数值，然后进行后面的计算操作。

- 某个标识符对应的值在程序运行过程中是不断变化的。

某个数据随着对它操作的过程，不停地改变具体的数值，但是对应的含义却没有改变。

例如，某小学按班级计算数学课总分，老师在统计的时候把已经判好的试卷得分一个个加起来。

一年级一班昨天共判了20张试卷，那么当时的总分就是这20张试卷的和。今天又判了10张，那么现在的总分就要加上新判出来的试卷得分。

在这两天的计算过程中，总分这个数值是变化的，但是它对应的含义并没有改变。

- 一个数据值我们从头到尾都知道，而且在程序的一次运行过程中都不会改变，但是这个数据值具有特殊的含义，或者在不同次的运行过程中有可能改变取值。这样，我们为其取一个特殊的名字，一则表明含义，二则也适合做修改。

例如，某学校统计每个学生的期末考试分数。忽然发现今年题目出得太难，学生的得分都很低，于是学校给每位学生的期末分数都乘以1.2。

我们当然可以把这个1.2写到程序中，但是如果这样做，以后容易想不起来这个1.2是做什么的，而且如果要改还要到程序中去找，很不方便。

因此，我们可以在程序一开头的地方为其命名（如命名为 score_rate）。这样看起来有意义，以后若改直接修改程序文件开头部分即可，不用到一堆纷乱的代码中去找。

7.3 字面量、变量和常量

在程序中为数据命名可以分为多种情况，依据的是这个数据是字面量、常量还是变量。

字面量（也叫直接量）既是某些数据的名字，也是这些数据本身。

换言之，**字面量的表示（名字）就是它的值**，并且直接暴露它所属的数据类型。

它们在程序中直接写成的样子，本身就是一个数据值。

Python 的字面量有几个大类，如图 7-1 所示。

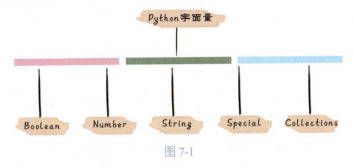

图 7-1

- 布尔型（Boolean）：只有两个值，即 True（真）和 False（假）。
- 特殊型（Special）：只有一个值，即 None，表示不存在。
- 数字型（Number）：整型、实型数值，如 -1、32、76.85、23e10 等。
- 字符串型（String）：字符或字符串，如 "s" "?" "star" "hello world" 等。
- Collections：Python 中的 Collections 型数据又分为多种子类型，包括列表、元组、字典和集合，它们都是把一系列数据组合起来，每个数据成为它们的一个元素，如果其中的元素是字面量，那么它们自己也就是字面量，如 ['Python', 'JS', 'C#']、(1, 2, 3)、{'m': 'marshmellow', 'n': 'nougat', 'o': 'oreo'}、{'o', 'e', 'u', 'i', 'a'} 等。

变量是一个有类型但没有固定值的标识符，可以代表该类型内的任何值。需要注意的是，变量的值可以随时改变。

所谓常量，就是把数据值和一个标识符绑定，一旦建立这种关系，就不再被修改。我们可以把**常量**理解成**值不能被更新的变量**——这种说法与"孙女就是女孙子"类似，读者理解意思即可。

很多高级语言都会提供标识常量的关键字用来定义常量，如 C 语言中的 const 和 Java 语言中的 final 等。这样的关键字用来修饰标识符，因此称为修饰符。被常量修饰符修饰过的标识符一般都要求被立刻赋值，并且赋值后就无法再更新其数据值。

但 Python 语言不存在这样的修饰符，所以也可以说**在语法上 Python 语言不存在常**

量。当然,如果 Python 程序员特别需要使用常量,也可以用一些临时性的办法替代常量修饰符的作用,具体方法到运用时再进行阐述。在一般情况下,使用 Python 语言不需要考虑常量。

7.4 变量赋值

对任何一种高级语言来说,变量都是用得最多且最重要的。变量的值可以修改,而改变变量的值的过程就叫作**赋值**。

7.4.1 赋值的方式

下面这行 Python 代码是一个变量和赋值的例子:

```
result =1
```

它所表达的含义就是把整型数值"1"**赋给**标识符"result"。这行代码运行结束后,以标识符"result"作为名字的**变量**的值就变成"1"。

单纯看概念好像有点复杂,但是只要搞清楚变量名(标识符)、变量值和赋值真正的含义就很容易理解变量。

前面多次提及,所有数据最终都是存储在存储单元中的,每个存储单元都有地址,存储单元相当于货架,地址是货架上的编号,而数据则是货架上的货物(如图 7-2 所示)。

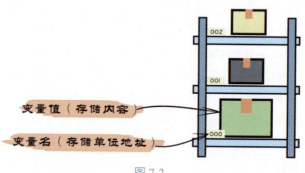

图 7-2

变量名、变量值与存储单元地址和存储内容一一对应。

- **变量名(标识符)**就是存储单元地址(货架编号)的文字化表达。
- **变量值**则是存储在该单元中的内容(放在货架上的货物)。
- **赋值**就是把货物放到货架上的过程。

在高级语言中,赋值操作都是通过赋值符号实现的,赋值符号大多很简单。**在 C 语言、Java 语言和 Python 语言(以及其他很多语言)中,赋值符号就是等号"="**。当然,也有一些语言的赋值符号比较复杂（如在 Pascal 语言中就是冒号加等号":="），这些只需要参考语言的基本语法即可。

用**一个等号"="作为赋值符号**的语言，普遍**用两个并列的等号"=="表示相等**，这是为了在语义上和赋值进行区分，在后面介绍条件判断时会引用具体的例子。

以 Python 语言为例，赋值语句的一般形式如下：

- 被赋值变量 = 赋值变量
- 被赋值变量 = 字面量
- 被赋值变量 = 包含多个变量和（或）字面量的算式

等号右侧的变量、字面量或运算结果被赋给等号左侧的被赋值变量。赋值语句结束后，被赋值变量就会有一个新的值。

在现实世界中，如果要放置货物的货架上原本有其他的货物，那么就需要把原货物先卸下来，再放新货物。但在计算机存储世界中没有这么麻烦，新货物直接放上去覆盖旧货物即可。

因此，一个变量无论原来是什么值，只要经过新一轮赋值就会变成新值，原值如果没有特意另行存储（如提前赋给另一个变量），就会从此消失（如图 7-3 所示）。

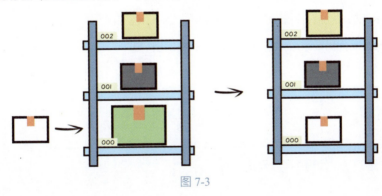

图 7-3

7.4.2 赋值前无须声明类型

程序中的每个变量都有其数据类型。

在大多数编程语言中，一个变量是什么数据类型是需要被声明的。当一个变量第一次出现时，都要显式地写出其数据类型。

但 Python 语言却不同，**Python 语言中的变量不需要专门声明数据类型**，而是通过第一次赋值，使被赋值变量在被赋予了一个数据值时，也拥有了和赋值变量、常量或字面量一致的数据类型。

例如，下面是一条 Python 赋值语句：

```
age = 20
```

这是"age"变量第一次在程序中出现的语句，通过这条语句，"age"已经被设定为整型变量，且当前值为"20"，而**不必再用一个数据类型关键字进行声明**。

7.4.3 赋值后不能隐性转换类型

但是，一个变量一旦被赋值，就不能再随便把它当作其他类型的值进行操作。例如，运行下面这段 Python 代码会出错。

代码 7-1

```
a = "1"
a = a + 2
print(a)
```

运行结果如下。

Traceback (most recent call last):
 ... ...
    a = a + 2
TypeError: can only concatenate str (not "int") to str

上述 Python 代码要改成如下形式才能正确打印出"3"。

代码 7-2

```
a = "1"
a = int(a) + 2
print(a)
```

需要注意的是，代码 7-3 才是正确的。

代码 7-3

```
a = "1"
a = 3
print(a)
```

同样能打印出"3"。

这是因为在 Python 语言中，每次赋值都是独立的，可以为变量指定新的数据类型。

变量 a 最初被赋予字符串型值"1"，但是之后又被赋值为整型的 3，那么后面的赋值会覆盖前面的赋值，在 print(a) 时，a 是整型的。

7.5　Python中的数组

因为后面的算法大多要使用数组，所以本节主要介绍 Python 程序中的数组变量。

7.5.1　逻辑上的数组

其实，我们在下面及后面章节的 Python 代码中，用来表示逻辑上数组的变量的数据类型叫作**列表**（List），它是 Python 内置的 6 个序列类型之一。

Python 的序列类型变量都是由一组元素组成的，其中每个元素都有一个位置信息（或称为索引，对应数组中的下标），第一个索引是 0，第二个索引是 1，以此类推。

序列类型都可以进行索引、切片、加、乘、检查成员等操作，比前面介绍的数组复杂得多，使用起来也方便得多。

列表是最常用的 Python 数据类型，它可以用一个方括号括上一系列用逗号分隔的值的形式出现。

具体到其中的某个元素，也可以用变量名加上方括号括上对应的索引来表示，和大多数编程语言中数组元素的表示方法一致。

因此，我们用 Python 的列表类型来表示逻辑上的数据结构——数组。

7.5.2　列表和元素

从理论上讲，Python 的一个列表中的不同元素可以是不同类型的，如下面这段 Python 代码是正确的。

代码 7-4

```python
arr = [2, 3, "apple", 52, 'c', True]
print(arr)
```

输出结果如下：

```
[2, 3, 'apple', 52, 'c', True]
```

但在一般情况下，我们很少这样用，而是倾向于让一个列表中的各个元素都属于相同类型。

另外，Python 有一种特殊的语法：用 -1 作为下标时可以直接访问列表的最后一个元素，具体示例如下。

代码 7-5

```python
arr = [2, 3, "apple", 52, 'c', True]
print(arr[-1])
```

输出结果如下：

True

这样很方便，但笔者不建议初学者使用这种简便的方法。因为从一开始就这样用，不利于锻炼初学者对数组概念的理解和应用。

笔者建议初学者用下面这种方式来访问数组的最后一个元素。

print(arr[len(arr)-1])

虽然这样写起来比较麻烦，但是每写一次就提醒我们：数组是从 0 开始索引的，最后一个元素的下标等于该数组的长度减 1，熟悉这样的基础概念对刚刚接触编程的人很重要。

7.5.3 列表的赋值和复制

一个列表量和通常的变量一样，可以用一个名字（标识符）来表示它。

我们可以直接为其赋值，具体如下：

arr = [1,5,8,19,3,2,14,6,8,22,44,95,78]

两个列表之间可以互相赋值，具体示例如下：

arr_new = arr

这样就可以把 arr 原本的值赋给 arr_new。

列表中的某个元素也可以被单独赋值，具体示例如下：

arr[0] = -3

如此一来，arr 的第一个元素的值就变成 −3。

将上面几条语句连成一段代码，具体如下。

代码 7-6

```
arr = [1, 5, 8, 19, 3, 2, 14, 6, 8, 22, 44, 95, 78]
arr_new = arr
arr[0] = -3
print("arr is: ", arr)
print("arr_new is: ",arr_new)
```

在查看结果之前需要自己先想想打印出的结果是什么样的，输出结果如下：

arr is: [-3, 5, 8, 19, 3, 2, 14, 6, 8, 22, 44, 95, 78]
arr_new is: [-3, 5, 8, 19, 3, 2, 14, 6, 8, 22, 44, 95, 78]

arr_new 的第一个元素也变成 −3 是因为：当采用简单的赋值符号（=）将一个列表的值赋给另一个列表时，实际上只是让两个不同标识符（arr 和 arr_new）都可以代表一个实在的数值序列而已。

这时虽然有了两个名字，但是它们两个都指向同一个列表。

通过 arr[0] 修改这个列表的第一个元素值之后，再通过 arr_new 浏览这个列表内部的每个元素值，自然会发现，第一个元素变成 −3。

这样简单赋值，arr_new 实际上成了 arr 的**别名**。

形象地说就好像有一个人原本叫张三，现在他起了一个别名叫李四。然后他大学毕业，个人属性发生改变，学历从高中变成本科。这个时候李四的学历自然也就成了本科。

如果我们不是这样起别名，而是要生成一个当前值和 arr 一模一样的新列表，应用列表内置的 copy() 函数，具体方法如下。

代码 7–7

```python
arr = [1,5,8,19,3,2,14,6,8,22,44,95,78]
arr_new = arr.copy()
arr[0] = -3
print("arr is: ", arr)
print("arr_new is: ",arr_new)
```

输出结果如下：

arr is: [-3, 5, 8, 19, 3, 2, 14, 6, 8, 22, 44, 95, 78]
arr_new is: [1, 5, 8, 19, 3, 2, 14, 6, 8, 22, 44, 95, 78]

这一点是非常重要的，如果不注意可能会引起严重而隐蔽的 Bug。

7.6　Python中的流程控制

前面介绍了 3 种基础的流程控制结构：顺序结构、条件结构和循环结构。

绝大多数高级语言都支持这 3 种结构（个别有不支持循环结构的）。无论是哪个版本的 Python，都支持顺序结构、条件结构和循环结构。

Python 语言体现代码结构的要素大致有两种：空格缩进和关键字。

7.6.1　用缩进划分代码块

Python 语言可以使用空格缩进（Indent）划分代码块，而不是像其他高级语言那样用大括号或关键词划分代码块。

这一点非常重要，一方面它使 Python 看起来更像自然语言，增加了 Python 的可读性。另一方面，这样做等于放弃了显性地划分代码块，而是采用一种半隐性的方式，导致初学者有时容易混淆代码块的起止，在一定程度上造成了初学者的困扰。

为了避免在后面代码中迷失，读者在这里**必须**把代码块的概念和 Python 划分代码块的规则搞清楚。

在计算机程序中，一个**代码块**（Block/Code Block）是一个词法结构，这个结构中包含一行或多行代码（程序语句）。

代码块是程序的一种基础结构，**一个代码块中的各条语句**是按顺序依次执行的，它们**之间是平等的**。

代码块的起止

有些语言用关键字表示一个代码块的开始和结束，如 Pascal 语言。

代码 7-8

```
program Hello;
begin
  writeln ('Hello, world.');
end.
```

有些语言用**大括号**划定代码块的范围，如 **Java 语言**。

代码 7-9

```
public class HelloWorld {
    public static void main(String[] args){
        System.out.println("Hello World!");
    }
}
```

在这些语言中，为了使读者理解语句间的层次关系，属于内部代码块的语句也会缩进若干空格，但这些缩进并没有实际功能，如果不缩进也不影响编译运行。

而 Python 语言直接用缩进标识代码块。增加缩进表示代码块的开始，而减少缩进则表示代码块的结束（如图 7-4 所示）。

图 7-4

在 Python 语言中，缩进是语法的一部分。违反缩进规则的程序无法被解释器通过，也就无法执行。

按照 Python 官方的规定，每级的缩进都必须使用 4 个空格来表示，但每次都要连着按

4 个空格比较麻烦，所以很多人使用 Tab 字符代替。

其实，这种用法是不规范的，就算要用 Tab 字符，也应该将编辑器的 Tab 键转换为 4 个空格。我们使用的 PyCharm 默认已经做了这个设置（如图 7-5 所示）。

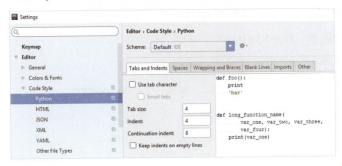

图 7-5

这样，在使用 PyCharm 编写 Python 程序时就可以放心使用 Tab 键进行缩进了。

另外，Python 的一行代码结尾时没有任何标点符号，这一点和 C 语言、Java 语言都不同。

7.6.2 关键字

关键字（Keyword），也叫保留字（Reserved Word），是编程语言中的一类**语法结构**。

每种编程语言基本上都有一系列关键字，它们在语言的格式说明中被预先定义，通常具有特殊的语法意义，其中非常重要的内容就是用来识别代码块、函数和流程控制结构。

Python 的关键字

Python 2 和 Python 3 中的关键字大体相同，既然本书用的是 Python 3，所以我们只了解 Python 3 中的关键字就可以。

其实，我们可以通过 Python 语句直接获得当前版本的关键字，具体代码如下。

代码 7-10

```
import keyword
print(keyword.kwlist)
```

这么简单的代码直接在命令行运行即可（见图 7-6）。

图 7-6

可以看到，Python 3 的关键字共有 33 个，这些关键字各有用处。

对 Python 关键字的详解感兴趣的读者可在网上搜索相关知识点自行学习。

但笔者认为，现在我们就是把每个关键字的作用都进行详细介绍，很多读者也记不住。因此，读者可以先在网上简单浏览，用到时再具体学习即可。

下面从使用角度对这 33 个关键字进行简单的分类。

- 布尔型字面量：True 和 False。
- 表示"不存在"的特殊型字面量：None。
- 关于流程控制：if、elif、else、for、while、break、continue。
- 关于逻辑判断：and、or、not。
- 关于函数：def、return、yield、lambda。
- 关于类型判断：is。
- 关于面向对象编程：class、pass。
- 关于代码块控制：with、as。
- 关于列表操作：del、in。
- 关于变量作用域：global、nonlocal。
- 关于异常处理：assert、except、finally、raise、try。
- 关于导入模块：from、import。

与流程控制相关的几个关键字包括 if、elif、else、for、while、break、continue，其中 if、else 和 while 是最基础的流程控制关键字。

下面介绍用这几个关键字如何构造各种流程控制结构。

7.6.3　Python 中的 3 种控制结构

顺序结构

顺序结构非常简单，其实都不需要使用关键字，直接把各个步骤的代码按照从前到后的顺序罗列出来即可（如图 7-7 所示）。

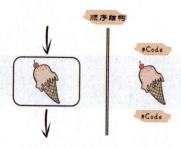

图 7-7

顺序结构的具体示例如下。

代码 7–11

```
length = 10
width = 5
space = length * width
print("Space is: %s square meters" % space)
```

输出结果如下：

Space is: 50 square meters

套用之前介绍的代码块的概念，在这段代码中，4 行代码都属于同一个代码块，4 行代码的地位均等（如图 7-8 所示）。

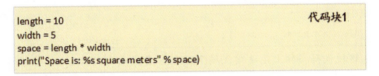

图 7-8

它们按从上到下的顺序逐条运行。

条件结构

在大多数情况下，条件结构需要使用两个关键字：if 和 else。有时只需要 if 关键字就可以，有时还需要使用 elif 关键字。

我们先来看看大多数情况，如图 7-9 所示。

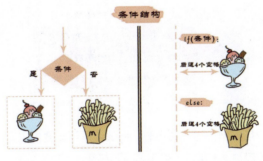

图 7-9

if 是条件结构必须有的关键字，标志着一个控制结构的开始。if 之后是一个空格，然后是条件语句的条件，这个条件对应流程图中菱形框内的部分。

小贴士：代码中的条件部分其实不必用括号括起来，在图 7-9 中这么画是为了使读者看清楚条件。

if 语句的结尾是一个**冒号**，这个冒号是必须有的，初学者经常会忽略这个冒号，结果导致程序报错却不知道错在哪里，这一点值得注意。

在 if 行之下有一个子代码块，这个代码块的内容对应流程图中"是"之后的部分。

而"否"对应的部分需要用关键字 else 标识出来，else 后面只有一个冒号。else 行下面是原本属于"否"分支的子代码块。

子代码块需要**一级缩进**，即后退 4 个空格。

下面是一段示例代码。

代码 7-12

```
if space > 30:
    print("This is a big room.")
else:
    print("This is a normal room.")
```

小贴士：这段代码实际上是延续代码 7-11 的，在代码 7-11 中 space 已经被赋值，所以此处无须再赋值。上面的例子中每个子代码块都只有一条语句，如果有多条语句，这些语句全部相对于"if"一级缩进，它们互相之间是对齐的。

输出结果如下：

This is a big room.

从代码块的角度来看，在这段代码中，if 语句所在的一行和 else 语句所在的一行仍然属于 Block1，但打印"big room"的语句和打印"normal room"的语句就成了 if 语句与 else 语句的子代码块。其结构如图 7-10 所示。

图 7-10

代码块 2-1 由 if 语句控制，到 if 语句时，Python 解释器要检查变量 space 的值是否大于 30。如果是，则进入代码块 2-1 执行，否则跳过代码块 2-1。

if 语句及其子代码块整个运行过后（无论代码块 2-1 是否真的被执行了），else 语句解释器会检查 space 大于 30 的逆条件，即 space 小于或等于 30，如果符合这个逆条件，则进入代码块 2-2，否则跳过代码块 2-2。

如果"否"分支无内容，也可以完全没有 else 行及其子代码块，具体示例如下。

代码 7-13

```
if space > 30:
    print("What a big room!")
```

也就是说，只有 space 大于 30 时才打印，否则什么都不打印。

如果有超过两种情况需要考虑，则可以用 elif 语句，elif 实际上就是"else if"，具体示例如下。

代码 7-14

```
if space > 30:
    print("This is a big room.")
elif space > 10:
    print("This is a normal room.")
else:
    print("This is a small room.")
```

对上述代码的解释如下。

- if 语句：space 大于 30 时输出"This is a big room."。
- elif 语句：在 space 大于 30 不满足的情况下，也就是在 space 小于或等于 30 的时候，再检查是否满足 space 大于 10，如果是（也就是 space 大于 10 且小于或等于 30），则输出"This is a normal room."。
- else 语句：本语句的隐含条件是前面所有条件所限定的情况的并集的逆。

如果到了 else 这条语句，就说明当前 space 变量的值，对于之前的 space 大于 30 或者 space 大于 10 且小于或等于 30 这两个条件都不满足。也就是说，此时的状况是 space 小于或等于 10，针对这种情况，输出"This is a small room."。

循环结构

循环结构对应的关键字是 while 或 for。

在开始学的时候，我们先关注尽量少的关键字，暂时只用 while 构造循环。实际上，所有用 for 构造的循环都可以用 while 重写。

先来看最简单的情况（如图 7-11 所示）。

循环结构以 while 关键字开始，while 语句的格式与 if 语句类似，也是"while+ 空格 + 循环条件 + 冒号"。

while 行下面也是一个子代码块，对应流程图中形成环路的"是"分支。在"是"分支完成后，while 对应的代码块也就结束了。

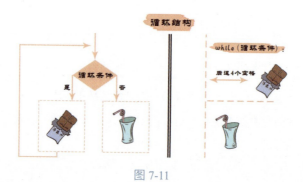

图 7-11

如果"否"分支有内容,将"否"分支的部分直接放在 while 所控制的整段代码后面,不必再后退 4 个空格。

具体示例如下。

代码 7-15

```python
arr = ["apple", "orange", "watermelon"]
i = 0

while i < len(arr):
    print(arr[i])
    i = i + 1
print("No more fruit.")
```

输出结果如下。

apple
orange
watermelon
No more fruit.

这段代码的代码块结构如图 7-12 所示。

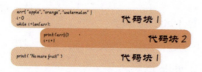

图 7-12

代码块 2 由 while 语句控制。代码执行到 while 语句时,先判断当时变量 i 的值是否小于 arr 列表的长度,如果满足条件,则进入代码块 2 执行其中的两行代码。

代码块 2 是 while 循环的循环体。每次代码块 2 执行完之后,都要再跳回 while 语句,判断 while 的循环条件 i<len(arr) 是否成立。如果成立,则再进入循环体;否则,跳过代码块 2,继续执行后面的代码块 1。

一旦代码块 2 被跳过，就说明循环条件的逆条件已经成立。例如，在代码 7-15 中，一旦 i 的值不再符合 i < len(arr)，则说明已经满足 i >= len(arr)。

有时候循环体中会用到 break 或 continue 关键字：前者用于忽然终止循环跳到循环之外；后者则是跳过当前这轮循环，继续进入下一轮循环。

continue 一般影响不大，就是会让循环体少执行一次。但是如果遇到 break 需要注意，在循环体中一旦遇到 break 语句，就直接跳出，而且不会再回头执行 while 中的条件判断。

这个时候，如果要保持原图中循环条件的"否"分支在确定循环条件为"否"的时候执行，就要在 while 循环之后再加一重判断，可以用如图 7-13 所示的形式进行表示。

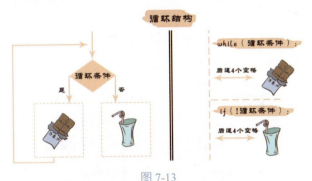

图 7-13

左侧为循环结构 1，右侧为循环结构 2

循环结构 2（其中"！"符号表示取反）的示例如下。

代码 7-16

```python
arr = ["apple", "orange", "watermelon"]
i = 0
while i < len(arr):
    print(arr[i])
    if arr[i] == "orange":
        break;
    i = i + 1
if i == len(arr):
    print("No more fruit.")
```

输出结果如下。

apple
orange

7.6.4　不同类型结构的嵌套

不同类型的控制结构是可以嵌套的，如在代码 7-16 中，其实循环结构的循环体中已经嵌套了一个条件结构。

从代码块的角度来看，结构的嵌套就是代码块的嵌套——一个代码块中可以包含另一个代码块。被包含的代码块相较于包含它的代码块多 1 级缩进（1 级缩进 == 4 个空格），且前者和后者的地位不相同——前者从属于后者。

嵌套没有更多的限制，只要注意以下几点即可：

- 每个被嵌入其他结构中的结构都是一个完整的结构体。
- 被嵌入代码块可以是简化的。例如，条件结构只有 if，没有 elif，也没有 else，是简化的结构体。
- 被嵌入代码块不能是残缺的。例如，条件结构有 if 和 elif，没有 else，是残缺的结构体。
- 把每个被嵌入的结构都当作一条语句来对待。

假设 3 个代码块中的语句分布如图 7-14 所示。

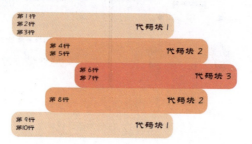

图 7-14

代码块 1 中共有 5 条语句：第 1 行、第 2 行、第 3 行、第 9 行和第 10 行，它们之间的地位是平等的——这些语句要么都执行，要么都不执行。如果第 1 行执行了，则第 2 行、第 3 行、第 9 行和第 10 行就一定会执行。

代码块 2 中共有 3 条语句：第 4 行、第 5 行和第 8 行。

代码块 2 从属于代码块 1。代码块 2 中的 3 条语句可能根本不执行。代码块 2 执行与否由代码块 1 决定。

也就是说，虽然都是语句，与第 1 行、第 2 行、第 3 行、第 9 行、第 10 行相比，第 4 行、第 5 行、第 8 行"地位低了一等"。

但代码块 2 中的 3 条语句是平等的，如果第 4 行执行了，则第 5 行和第 8 行也会执行。

含有 2 条语句（第 6 行和第 7 行）的代码块 3 从属于代码块 2，它比代码块 2 又"低了一等"。代码块 3 中的语句是否执行由代码块 2 中的语句决定。

第 8 章

实现第一个算法并衡量其优劣

在本章中我们将学习第一个算法,并编写一个实现该算法的程序。

8.1 从最简单的算法开始学:顺序查找

终于,我们迎来了第一个算法——顺序查找。

8.1.1 什么是查找算法

查找算法(Search Algorithm),又叫搜索算法,字面意思是解决查找问题的算法。

这个定义还有另外两种说法:第一种是检索存储在某种数据结构中的信息的算法;第二种是在问题域的搜索空间进行计算的算法。

第二种说法有点绕,读者可以暂时忽略。

找东西

我们可以暂且简单地把查找算法理解成"**从一堆东西中找出某个特定的东西**"的算法,简称"找东西算法"。

人们找东西无外乎以下几个目的:找到"这个东西";确定"这个东西"是否真的存在;发现"这个东西"目前所在的位置。

具体示例如下:

我们对一个图书馆管理员说:"请帮我找一下《算法导论》这本书。"我们告知了图书馆管理员某本书的一个属性,即书名,然后要求他把对应的实体找出来【目的1】。

图书馆管理员凭借这个书名到书库中去找，可能会找到一本或多本书名叫作《算法导论》的书，也可能一本都找不到。但无论是哪种结果，查找的结果都验证了这本书存在与否【目的 2】。

如果确实存在这样的 1~n 本书，那么图书馆管理员就需要把它（们）取出来，同时还要记住它（们）在图书馆中所在的位置，因为这个位置信息有多种用处（如放回去时要归还原位，和这本书物理位置相近的书很可能内容也有诸多类似之处，等等）【目的 3】。

找数据

在计算机中能找的"东西"当然只有数据。所以，计算机领域的查找算法特指查找数据的算法。

其具体操作如下：根据给定的某个值，在待查数据中确定一个或多个其关键字等于给定值的数据元素的位置。

计算机的数据当然也有很多种，如文字、表格、图片、音频、视频都是数据，即使是字符数据，也可以是很复杂的结构化信息。不同类型的数据也各有各的处理方法。

在这里，我们的重点是查找，而不是数据本身。所查找的数据越简单，越能让读者把重点放在查找的过程和操作上。因此，以后所有的例子，我们都用最简单的数据（整型数值，也就是整数数字）作为待查数据。

小贴士：在不加说明的情况下，以后所有算法所处理的数据都是整型数值。

整型数据有一个最大的好处：**它的关键字就是它本身**。

于是，下面所介绍的查找算法要做的事情就是在一堆数字中查找某个特定的数字，从而确定这个数字是否存在于这堆数字中。如果存在，它的位置是什么？

8.1.2　查找算法的要素

可以把查找算法中的**输入数据**分成两类：待查数集合；目标数。

查找算法要达到的**目的**是确定待查数集合中目标数的存在性及存在位置。

因此，目标数在待查数集合中的位置信息是查找算法的**输出数据**。如果待查数集合中根本不存在目标数，则可以通过输出特殊的位置信息来进行标识。

查找算法的**过程**如下：遍历待查数集合；在遍历过程中，每访问到一个元素，则将其和目标数进行比较，如果一致，则记录该元素的位置。

由此可知，查找算法最主要的**两个操作**是遍历待查数集合和比较个体。

对于整型数值，**比较**是非常容易的事情，直接比较两个整数是否相等即可。

而**遍历**则直接和这"一堆"待查数的组织形式（数据结构）相关，甚至可以说，待查数的数据结构决定了查找算法的遍历方式。

小贴士：当我们在现实中应用某种算法的时候，数据是如何组织的往往已经是既定事实。在一般情况下，我们不是根据算法选择数据结构，而是面对现实的数据结构选择与这种数据结构相适应的具体算法。

8.1.3　顺序查找

顺序查找是所有查找算法，甚至可以说是所有经典算法中**最简单**的。

顺序查找也叫**线性查找**，是**无序查找**算法的一种。无序查找的"无序"指的是待查数集合无序，也就是待查数集合内部没有排序，集合内各元素之间没有统一的递增或递减关系。

顺序查找适用于存储结构为序列式的数据结构（线性数据结构），前面介绍的数组和链表都属于这类数据结构。

顺序查找的**基本原理**如下：从待查数列的一端开始，**依次遍历其中的每个元素**，将元素数值与目标数相比较，若相等则查找成功；若遍历结束时仍没有找到与目标数一致的元素，则查找失败。

小贴士：在顺序查找过程中，找到第一个与目标数一致的元素后，可以就此退出算法，也可以继续遍历到数列结束，具体选择哪种依据的是我们的需求。在大多数情况下，我们会选择"找到了就退出"策略。

其实，顺序查找就好像是为了"通缉"某个数字设置的关卡，一堆数字排成一串，在那挨个"过关卡""对照片"（如图8-1所示）。

图 8-1

"被缉拿"（Wanted）的那个数，一旦"对上照片"（与目标数一致），被抓获归案，就算行动成功。如果所有数都查完了还没找到目标数，则行动失败。

8.2　顺序查找的数据结构和控制流程

8.2.1　数据结构

数组和链表都是序列数据结构，因此都可以作为顺序查找的数据结构。两者的差异是

"数组适合读，链表适合写"。

查找算法不需要在原本的待查数集合中写入新的数字，我们所要做的只是不停地读，从头读到尾。如此一来，当然选数组作为数据结构。

目标数只是一个数字，自然不需要用数组，这里说的数组是用来"盛放"待查数列的（如图 8-2 所示，假设这个数组名叫 arr）。

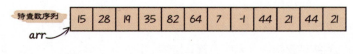

图 8-2

8.2.2 控制流程

前面提及，算法 = 数据结构 + 控制流程，数据结构已经确定，下面介绍控制流程。

我们用数组作为数据结构，就好像把待查数字逐个放在一排盒子中，每个盒子都有自己的标号（下标）。

然后需要做的是按照下标顺序依次用每个盒子中的数字和目标数进行比较，确定是否相同（如图 8-3 所示）。

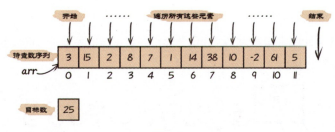

图 8-3

拆解成的单步操作如下。

第 1 步：用第一个盒子中的数字和目标数进行比较，如果一致，则任务成功，算法退出；否则继续第 2 步。

第 2 步：用第二个盒子中的数字和目标数进行比较，如果一致，则任务成功，算法退出；否则继续第 3 步。

第 3 步：用第三个盒子中的数字和目标数进行比较，如果一致，则任务成功，算法退出；否则继续第 4 步。

……

第 n 步：用最后一个盒子中的数字和目标数进行比较，如果一致，则任务成功，算法退出；

否则任务失败，算法退出。

上面提及，用 arr[下标值] 表示名为 arr 的数组中的元素的值，从 0 开始一直到 (arr 的长度 −1) 为止。于是，上面的操作步骤可以改写成如下形式。

第 1 步：用 arr[0] 和目标数进行比较，如果一致，则任务成功，算法退出；否则继续第 2 步。

第 2 步：用 arr[1] 和目标数进行比较，如果一致，则任务成功，算法退出；否则继续第 3 步。

第 3 步：用 arr[2] 和目标数进行比较，如果一致，则任务成功，算法退出；否则继续第 4 步。

……

第 n 步：用 arr[len(arr)-1] 和目标数进行比较，如果一致，则任务成功，算法退出；否则任务失败，算法退出。

小贴士：len(arr) 表示数组 arr 的长度，这种写法既可以当作数组长度的形式化表达，又可以直接作为 Python 语句使用。

其实，在 Python 语言中，arr[−1] 可以直接用于表示整个 arr 数组中的最后一个元素的值，也就是 arr[len(arr) −1]，这是 Python 特意设置的表达方式。

但是因为这种表达方式和其他多种常用编程语言不一致，在初学时就采用比较容易引起混淆，所以初学者适合用 arr[len(arr) −1] 表示数组的"尾巴"元素。

每步只是取的具体数组元素不同，其他操作都一样，这种情况很适合用循环结构表示。

如果用之前学过的流程图把这个循环结构画出来，就是如图 8-4 所示的形式。

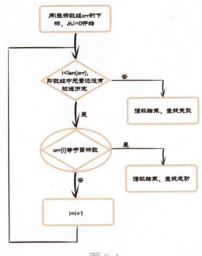

图 8-4

8.3 用Python实现顺序查找算法

8.3.1 用变量和赋值重绘流程图

在上面的流程图中,我们其实已经使用了数组(列表)变量 arr 和整型变量 i,只不过当时我们还不知道它们是**变量**,而仅仅将其当作数组和数组下标的形式化写法而已。

通过前面的学习我们知道,图 8-4 中大部分关于 arr 和 i 的操作是对数组与整型变量赋值。

在 Python 中我们用列表来实现数组操作,其实此处的 arr 是列表型的变量。而 len(arr) 则是 Python 的一个内置函数,是用来计算列表长度的。

那么是不是可以利用已经学过的 Python 语言的要素,将图 8-4 中余下的自然语言文字也替换掉,都换成赋值语句或内置函数的调用操作?

我们可以进行尝试,如图 8-5 所示。

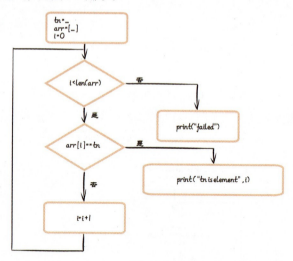

图 8-5

在程序开始的时候,先初始化两个变量:tn,整型,表示目标数(Target Number);arr,列表型,存放待查数列。然后为 i 赋初值 0,之后进入循环,循环的准入条件是 i 小于 arr 的长度(元素个数)。在循环内部,将 tn 和 arr[i] 进行比较,如果相等则打印出对应元素的索引,然后退出循环(break 表示退出当前循环);否则 i 递增 1 之后继续循环。一旦 i 的值和 arr 的元素个数相等,就说明整个 arr 中所有的元素都与 tn 进行了比较,并且都不相等,此时打印出"failed"告知用户查找失败。

图 8-5 中每个矩形框或菱形框中的内容都变成了几乎可以直接写在程序中的语句。因此，只要把流程图中的控制结构写成程序语句，整个算法就可以实现。

但是，应该如何在程序中体现顺序结构、条件结构、循环结构这 3 种不同的结构？

8.3.2 代码实现

按照上面介绍的不同结构类型的代码表达，将图 8-5 所示的流程图反推为代码，结果如图 8-6 所示。

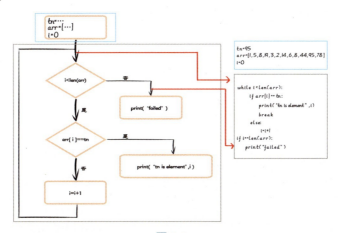

图 8-6

这个算法有两个大块结构：顺序结构（浅蓝色框内）和循环结构（浅灰色框内）。

循环结构代码的实现如下。

- 循环条件放在一个 while 语句中，符合循环条件"是"分支的是 while 分支下的子代码块（第一个菱形框内）。
- 在第一个菱形框内部，也就是 while 循环的子代码块内，正好又有一个条件分支，这个条件分支的"是"分支中包含 break 语句。
- 与循环条件相悖的"否"分支放在 while 语句之后，因为循环体中包含 break 语句，所以循环条件的"否"分支要再用一个 if 语句来判断当时的条件是否正好和 while 语句中的条件相反（求反）。

最终，顺序查找算法的实现代码如下。

代码 8-1

```
tn = 95
arr = [1, 5, 8, 19, 3, 2, 14, 6, 8, 22, 44, 95, 78]
i = 0
```

```
while i < len(arr):
    if arr[i] == tn:
        print("tn is element", i)
        break
    else:
        i = i + 1
if i == len(arr):
    print("failed")
```

输出结果如下：

```
tn is element 11
```

8.4　用for语句实现顺序查找算法

8.4.1　Python 循环关键字：for 和 while

两个等价的循环

下面先介绍一个 Python 关键字：for。for 也是一个循环关键字，在大多数高级语言中都有这个关键字。

for 关键字的作用很简单，通过下面完全等价的两段代码我们就可以明白。

代码 8-2

```
for n in range(1,11):
    print(n)
```

代码 8-3

```
n=1
while n < 11:
    print(n)
    n = n + 1
```

代码 8-2 和代码 8-3 表达的是完全相同的意思，都是分行依次打印出 1~10 这 10 个整数。

循环关键字：for

for 关键字在 Python 中的语法如下。

```
for iterative_var in sequence:
    statement(s)
```

其中，sequence 是一个序列，在这个序列中有许多元素，这些元素可以是整数、实数、字符等类型。而 iterative_var 则是迭代（姑且认为是循环的另一种说法）变量，这个变量在每次循环中的值都不同，实际上是沿着 sequence 从头到尾依次取值。

我们来看两个例子。

代码 8-4

```python
for char in 'Python3':
    print('char :', char)
```

输出结果如下：

char : P
char : y
char : t
char : h
char : o
char : n
char : 3

代码 8-5

```python
snacks = ['Cake', 'Cookie', 'Ice-cream', 'Pudding']
for snack in snacks:
    print('Today snack :', snack)
```

输出结果如下：

Today snack : Cake
Today snack : Cookie
Today snack : Ice-cream
Today snack : Pudding

range() 函数

但 for 最常用的还是将整型 iterative_var 变量和 range() 函数相结合，具体示例如下。

代码 8-6

```python
for i in range(1, 11):
    print(i)
```

输出结果如下：

1
2
3
4
5
6
7

```
8
9
10
```

在上述示例中，i 是一个整型变量，在 for 循环中，它从 1 开始，到 11 之前的那个数字结束，最终输出 1~10，共 10 个整数。

for 循环和 while 循环

for 和 while 之间的关系如下：

- 所有能够用 for 表达的循环，都可以用 while 表达。
- 所有能够用 while 表达的循环，不一定都能用 for 表达。虽然在循环体内部加上比较复杂的判断，也可以让 for 和 while 做到等价，但这样可能会破坏 for 的原生语义。

小贴士：对于零基础初学者，建议在第一轮学习的时候不要用 for 循环，而是只用 while 循环，这样不容易感到困惑。

8.4.2 用 for 循环实现顺序查找算法

这个句型非常好用，也非常常用，如上面的代码 8-1 可以改写成如下形式。

代码 8-7

```python
tn = 95
arr = [1, 5, 8, 19, 3, 2, 14, 6, 8, 22, 44, 95, 78]
for i in range(0, len(arr)):
    if arr[i] == tn:
        print("tn is element", i)
        break
if i == len(arr):
    print("failed")
```

8.5　如何衡量算法的性能

每个算法都有一个目标任务，能够完成目标任务是算法功能的体现。但同样是完成目标任务，有的算法快，有的算法慢，有的算法几乎不需要额外的存储空间，有的算法需要占用很大的存储空间……这是因为算法的**性能**不同。

评价机械设备的性能会考虑耗油 / 耗电量、使用寿命、单位时间损耗等诸多指标，而评价一个算法的性能需要考虑**时间复杂度**和**空间复杂度**这两个主要指标。

时间复杂度是指算法需要消耗的时间资源，空间复杂度是指算法需要消耗的存储空间资源。

8.5.1 时间复杂度

运算速度的表达

算法时间复杂度的形式化表达是一个**函数**，这个函数描述了该算法的运行时间。

既然有函数就有自变量和因变量，此处因变量是算法运行时间，自变量是问题的规模。而问题规模的直接体现是输入数据的数量。

例如，上面介绍的顺序查找，同样是找一个目标数，在 10 个数字中找和在 100 个数字中找所需要的时间肯定是不一样的。

当然，算法是通过程序来实现的，程序是通过计算机运行的，由于计算机的硬件不同，同样的程序和输入数据在不同的计算机上运行的时间可能是不同的。这当然不是算法的性能发生改变，我们定义的算法性能与具体的程序执行脱节，仅讨论理论上的时间消耗。

这种理论上的时间消耗可以直观地理解为算法中**基本操作的个数**（或叫作步数）。

也就是说，在输入数据规模为 n 的情况下，可以通过计算某算法从开始到结束总共执行了多少个基本操作，来确定该算法的时间复杂度。

时间复杂度可以用 $f(n)$ 表示，其中 n 是问题规模，用输入数据量来表示。

顺序查找的步数

顺序查找的基本操作就是图 8-7 中红圈圈起来的部分，也就是将每个元素与目标数进行比较。

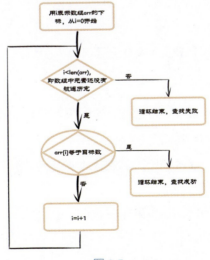

图 8-7

假设输入数据（待查数列）的长度为 n（有 n 个元素），红圈中的操作就会执行 n 次，所以这个算法的总步数就是 n。

有的读者可能会有如下两个疑问。

疑问 1：红圈上面和下面还有操作，上面的操作是比较 i 和 len(arr) 的大小，下面的操作是 i 递增 1，这些为什么没有计算进去？

疑问 2：算法一旦遇到和目标数一样的元素就会停止，可能这次第一个元素就遇到，下次第二个元素就遇到，并不是每次都要把 n 个元素比较完，为什么总步数就是 n 呢？

- 对于疑问 1，红圈上面和下面的操作分别是对循环的进入条件的判断与修改，只要存在循环，就一定存在这两者，否则要么没有循环，要么形成死循环，都不是正常的循环结构。因此，我们没有把这种构造循环的操作归属于任何算法。

因为所有包含循环的算法就一定包含对循环条件的检查和增/减操作，所以统一忽视它们即可。

- 对于疑问 2，这种提法本身就是正确的。

假设待查数列有 n 个元素，那么其中任何一个元素是第一个与目标数一致的元素的可能性都是 $1/(n+1)$，之所以不是 $1/n$，是因为还有一种可能就是 n 个元素都不等于目标数。

n 个待查数分别与目标数相等及都不相等共有 $(n+1)$ 种情况，这 $(n+1)$ 种情况的平均运行步数是 $(1 + 2 + 3 + \cdots + n)/(n+1) = n/2$。

顺序查找的平均步数只是 n 的 $1/2$，并不是 n。

如果用一个精确的多项式表述顺序查找的时间复杂度，那么 $f(n)=n$ 和 $f(n)=n/2$ 会相差很多。但在考虑时间复杂度时，我们真正关心的其实是**运算量的量级**，而非精确数字，$n/2$ 和 n 的量级是一样的。

为了准确描述"量级"，需要引入大 O 记号。

大 O 记号

选用一个特殊的符号来表达函数的量级，这个符号是 O，读作大 O（Big O）。

顺序查找的时间复杂度是 $O(n)$。

大 O 是一个数学记号，描述了一个函数在其参数达到某一特定值或无穷大时的极限行为，这个记号体现了函数的增长率。

假设有两个函数 $f(x)$ 和 $g(x)$，如果存在 $c>0$ 和 x_0，当 $x \geq x_0$ 时，总有 $f(x) \leq cg(x)$，则 $f(x) = O(g(x))$（如图 8-8 所示）。

图 8-8 中的红线表示函数 $f(x)$，蓝线表示函数 $g(x)$。

假设存在 $x_0=4.4$，以及 $c=1$，当 $x \geqslant x_0$ 时，总有 $f(x) \leqslant 1 \cdot g(x)$。因此，可以说 $f(x)=O(g(x))$。

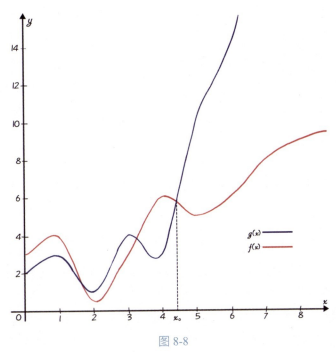

图 8-8

8.5.2 常见算法的时间复杂度

顺序查找的时间复杂度 $f(n)=n/2$，设 $g(n)=n$，则存在 $c=1$（其实 c 只要不小于 1/2 就可以，为了方便可以取 1），当 $x \geqslant 0$ 时，总有 $f(n) \leqslant g(n)$，因此 $f(n)=O(g(n))$，又因为 $g(n)=n$，所以有 $f(n)=O(n)$。因此，顺序查找的时间复杂度表示为 $O(n)$。

假设某算法的时间复杂度是 $f(n)=n^2+2n+3$，则我们设 $g(n)=n^2$，存在 $c=2$，当 $x \geqslant 3$ 时，总有 $f(n) \leqslant 2g(n)$，于是有 $f(n)=O(n^2)$。

同理还有：

$f(n)=n^3+3n^2+5n+12 \Rightarrow f(n)=O(n^3)$

$f(n)=\log(n/2) \Rightarrow f(n)=O(\log(n))$

……

小贴士：本书如果没有特别指出，那么 log() 表示以 2 为底求对数。

通过几个直观的例子不难看出，用了大 O 记号之后，函数的表达式变得比以前简单了。大 O 记号的作用是聚焦主要因素，忽略次要因素。

一般的基础算法大致有如表 8-1 所示的几种时间复杂度（按量级由小到大排序）。

表 8-1

符　号	名　称
$O(1)$	常数时间
$O(\log(n))$	对数时间
$O(n)$	线性时间
$O(n\log(n))$	对数－线性时间
$O(n^2)$	平方时间
$O(n^3)$	立方时间
$O(2^n)$	指数时间
$O(n!)$	阶乘时间

其中，$O(1)$ 表示一个常数，这个常数可以是任意正数，可以很大（如 100、10 000、1 000 000 等），但与输入数据量无关。这类算法的计算速度非常快，人们也很喜欢，但这样的算法在现实中应用得很少。

这些时间复杂度用图表示显得更直观。如图 8-9 所示，当 n 达到一定大小后，n 越大，不同时间复杂度的差别也就越大。

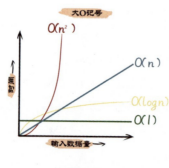

图 8-9

除了极少数特别简单的算法，大部分常用的算法的时间复杂度都是从 $O(n\log(n))$ 量级**开始**的。

之后，读者会发现，$\log(n)$ 表示一种很快的时间复杂度，我们特别希望它出现，就算它出现不了，出现 $n\log(n)$ 也可以。一旦出现 $O(n^2)$，这个算法就有点难了。

如果你去面试程序员，被考了一道算法题，你给出的答案虽然功能是对的，但是时间复杂度为 $O(n^2)$ 或更高，那么这道题基本上就算没做出来。

8.5.3 空间复杂度

空间复杂度就是算法需要占据的存储空间的大小。

当然，任何程序只要在计算机中执行就要占据存储空间，就算没有数据，指令也要消耗存储空间。但是在绝大多数情况下，算法要处理的数据所需的存储空间远大于非数据部分，因此数据之外的部分可以直接忽略不计。

对任何一个算法而言，只要它处理 n 个输入数据，就要把这些数据读入存储空间，所以对于任何问题规模为 n 的算法，它所需要消耗的存储空间至少是 $O(n)$。此外，除了程序体控制流程和输入数据占据的空间，还有在算法过程中临时存储数据的缓存空间。

对算法而言，我们关心的实际上是它所消耗的额外的存储空间——除了存储输入数据还需要消耗的存储空间。而所有算法都要占据的部分可以直接忽略。

在顺序查找中没有缓存空间。（此处不对缓存空间进行介绍，后面介绍排序算法用到缓存空间时再进行阐述。）

现在我们只需要了解如下两点：

- 空间复杂度也用大 O 记号来表达。
- 在计算机刚被发明出来的时候，存储器价格很高，那个时候节约存储空间特别重要，因此早期的算法会特别关注空间复杂度，其重要性几乎不亚于时间复杂度。
随着硬件技术的发展，存储器容量越来越大，I/O 速度越来越快，价格越来越低；加之数据库、分布式存储等软件技术的发展，早期被认为是极限的存储量一次次被突破，空间复杂度逐渐变得不如时间复杂度重要。

小贴士：目前，当衡量一个算法的性能时，一般主要关注其时间复杂度。

第 9 章

简单但有用的经典查找算法

本章主要介绍二分查找（Binary Search）。

9.1 猜数游戏

我们先玩一个小游戏：猜数字。

9.1.1 游戏规则

这个游戏需要两个人玩，一个攻方，一个守方——就像一对一的篮球赛，只不过互相攻防的不是篮球，而是数字，游戏规则如下：

【游戏双方】防守者和攻击者。

【游戏准备】防守者在 1~1000 内任选一个自然数作为神秘数，并暗自记住，然后开始游戏。

【游戏过程】每轮游戏的过程如下。

- 攻击者猜一个数，问防守者这个数是否是神秘数。
- 防守者要根据事实给出下面 3 个答案中的一个：
  - ➢ 这个数就是神秘数。
  - ➢ 这个数比神秘数小。
  - ➢ 这个数比神秘数大。
- 游戏可以持续多轮。

【游戏结果】 如果攻击者猜中神秘数，则算攻击者赢；否则，算防守者赢。

这个游戏很简单，但有一个问题：有什么办法可以使攻击者每次都赢吗？

9.1.2　不限制猜测次数的游戏的必胜攻略

不限制猜测次数，攻击者必胜攻略

我们先把这个游戏进行简化，假设题目的**要求**如下：不限制猜测次数，只要能猜对就赢，那么攻击者是否有不败战法？

总共有 1000 个数，攻击者可以从 1 开始猜，1 不正确就猜 2，2 不正确就猜 3，以此类推，一直猜到 1000，肯定能够猜到神秘数。

由此可知，这个游戏其实是一个查找问题——在 1~1000 这 1000 个整数中找到对手预设的神秘数（目标数）。

如果仅仅是为了找到这个神秘数，那么我们可以采用顺序查找算法，一个个地猜，一定能找到。

编程实现必胜算法

不限制猜测次数的猜数游戏可以用顺序查找算法解决，具体的实现代码如下。

代码 9–1

```python
tn = 165   # 这里可以是任意整数
found = False
for i in range(1,1001):
    if i == tn:
        print("secrete number is ", i)
        found = True
        break
if not found:
    print("failed")
```

- 井号（#）在 Python 中的作用是标识注释，在一行代码中，所有出现在"#"后面的文字都是程序的注释，不会被当作代码运行。
- 如果把第一行改成 tn = 0 或 tn = 1001，或者任何不在 1 到 1000 之间的数字，则输出结果为"failed"。
- 本程序和之前的顺序查找程序有一些不同之处，之前的顺序查找程序是将所有待查数字放在一个列表型的变量 arr 中，然后利用下标依次搜索，但本程序没有任何列表型的变量，而仅仅是用整型变量 i 和目标数 tn 依次做比较。为什么如此操作？

因为在标准的顺序查找中,我们的待查数列可以是无序的,即使有序也未必是等差数列,无法用简单的变量递增来模拟待查数字。但本游戏只需要 1~1000 这 1000 个自然数顺序出现,用 for 语句足矣。

9.1.3　限制猜测次数的猜数游戏

如果不限制猜测次数,那么攻击者当然可以赢,但是不断地猜几百次或上千次,就算赢了,又有什么意思呢?

下面将游戏规则稍做修改,其他都是一样的,只是将游戏结果进行如下改变:

【游戏结果】攻击者在 10 次(含)之内猜中算攻击者赢,否则算防守者赢。

如果要保证攻击者赢,就需要一个算法,这个算法在 1~1000 这 1000 个数字中查找一个数字,保证最多查找 10 次就能查找到。这样的算法就是**二分查找**。

9.2　从"挨着找"到"跳着找"

总共 1000 个数,我们只有 10 次机会找到目标数(也就是游戏中的神秘数),按顺序一步步走着查找是不行的,肯定要跳着找(见图 9-1)。

图 9-1

可是,如何能够保证跳的时候不把目标数跨过去呢?或者至少万一跨过去了,我们也能够知道要回头?

确定"跳"的方向

首先,回顾游戏规则:每次攻击者说出数字的时候,防守者不是简单地说这个数字是否是目标数,当确定不是目标数时,还要明确回答攻击者这个数字比目标数小还是大。

其次,要猜测的是 1~1000 这 1000 个数字,如果组成一个序列,那么是一个有序序列——[1, 2, 3, 4, 5, …, 998, 999, 1000],是一个从小到大逐步递增的有序数列。

以这两点作为前提，假设攻击者猜了一个数字"358"，防守者说"比目标数大"，那么攻击者就可以肯定要找的数字的范围为 1~357；如果防守者说"比目标数小"，则可以肯定目标数的范围为 359 ~ 1000。有了这样的明确信息，就可以保证下次查找时不会"走错方向"。

确定"跳"的距离

如果第一次猜"358"，那么会出现如下状况：如果它比目标数大，那么下次查找的区间只有 357 个数字；如果它比目标数小，那么下次要查找的就是包含 642 个数字的区间。两个区间的数字个数差距很大。

如果猜中间数，不管中间数比目标数大还是小，下次要找的区间都只有本次的一半（如图 9-2 所示）。

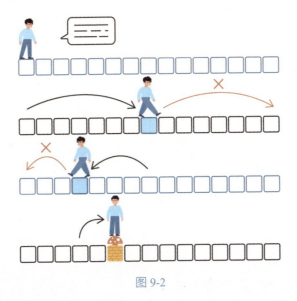

图 9-2

这种思路就叫作二分查找。

9.3 二分查找：从原理到形式化描述

本节先介绍二分查找的原理和流程图。

在此，因为我们讲的是通用算法的原理，所以要查找的序列虽然是有序的，但未必是等差数列，其中数字范围也不一定是 1~1000——千万不要把自己局限在前面的猜数游戏中。

下面还是将所有的待查数字都放在一个整型列表中，让其中的每个元素保存一个待查数字。

9.3.1 二分查找的原理

二分查找是一种**在有序数列中查找某个特定元素**（目标数）的查找算法。

- 最初的待查数列和目标数由用户定义。
- 查找过程是一个迭代（循环）过程。
  - 待查数列不为空时进入循环，否则查找失败——查找过程结束。
  - 每次循环从待查数列的中心元素（位于正中间的那个元素）开始。
    » 如果中心元素正好等于目标数，则查找**成功**——查找过程结束。
    » 如果目标数大于或小于中心元素，则数列大于或小于中心元素的那一半成为新的待查数列。

这种查找算法每次将待查区域平分成两份（二分），并排除其中一份，每次循环要查找的区域都只有上一次循环的一半。比如图 9-3 展示了在有序数列中查找目标数 4 的过程。

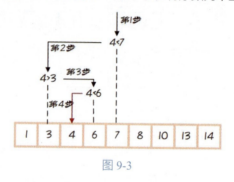

图 9-3

9.3.2 结构化的自然语言描述——流程图

原理说起来简单，但是应如何转化成代码？

在编写这类经典算法的代码之前，让我们先画出清晰的流程图，这样做不是刻板教条，而是为了厘清思路。

按照上面的描述，首先绘制出自然语言描述的流程图（见图 9-4）。

用图 9-4 来对比上面的原理，看看是否已经全部进行了结构化表达。

需要说明的是，图 9-4 的右下角是两级嵌套的条件结构（见图 9-5 中红色圈圈起来的部分）。

因为在将中心元素和目标数进行对比时，实际上存在 3 种情况：两者相等；目标数大于中心元素；目标数小于中心元素。

而控制流程中的条件结构只能二分，而不能三分、四分等，所以，当要表达多于两种分支路径的时候，就需要条件结构的嵌套。

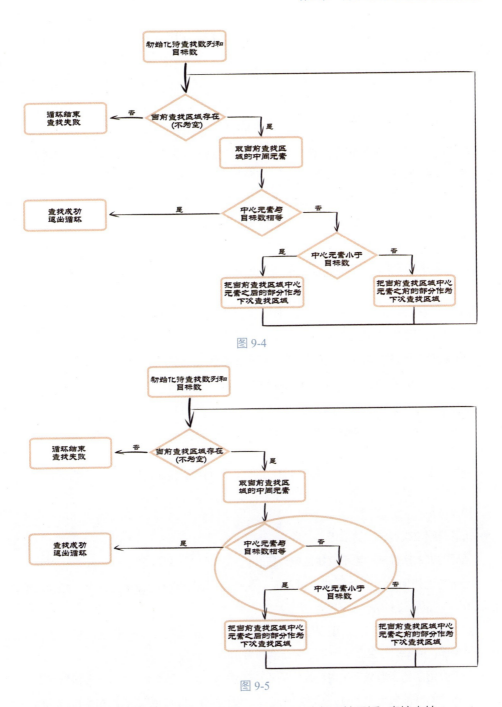

图 9-4

图 9-5

有的读者认为条件流程只支持"是"和"否"两个路径不够灵活,直接支持 2, 3, 4, …, n 个分支更方便。

控制流程的精髓如下：用最简单、最少量的固定基础结构组合复杂的状况，而不是将基础结构变得复杂多样。

只有这样，才具备易检查、不易错的特性，也才有可能在数学层面被严格证明。

9.3.3　形式化描述第一步——变量和赋值

前面提及，如果在流程图的每个框中都填写代码，那么我们就可以对照不同结构的映射关系，直接将流程图转换成程序。但是上面的流程图的矩形框和菱形框中都是自然语言，应如何转化成程序？

其实，到现在为止，我们学过的与编程语言相关的内容并不多，除了关键字就是变量和赋值。

我们要用关键字在程序中描述控制结构，那么控制结构之外的部分是否可以用变量和赋值来表达？

首先，这个算法要处理一个数列，如果在这个数列中寻找一个目标数，那么至少这个数列和这个目标数需要用变量来指代。

我们用列表型的变量 arr 来指代数列，而用整型的 tn 来指代目标数。

那么"初始化待查数列和目标数"就变成初始化 arr 与 tn。

初始化 arr 与 tn 就是给它们赋值，如下所示。

```
arr=[3,5,8,12,15,21,36,47,58,62,74,103]
tn = 5
```

当然，这里的 arr 与 tn 可以是任何值，因此，我们可以先笼统地写成如下形式：

```
arr = […]
tn = ..
```

正式开始查找过程，就要进入循环。

循环的进入条件是"当前查找区域存在"。

但是无论如何判断查找区域是否存在（这一点后面会介绍），都应先思考如何表示查找区域。

要查找的数列存放在列表型变量 arr 中，因此，每次的查找区域一定是 arr 的一部分（最开始是全部，第二次是全部的一半，第三次是全部的一半的一半……）。

前面介绍了列表型数据（也包括它所表达的逻辑上的数组数据结构），该类型数据的特点是：每个元素都有一个下标，这个下标是从 0 开始的，并且连续逐次递增 1。既然如此，用 arr 中任意两个元素的下标就可以划分出一个区域（如图 9-6 所示）。

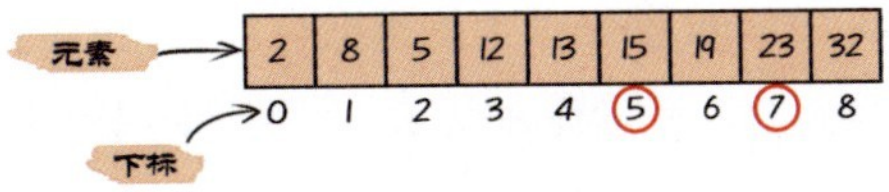

图 9-6

我们选中其中两个下标作为起始位置和终止位置，则它们框定的从下标为 5 到下标为 7 的区间内的元素就会形成一个**子数列**，也就是一个**区域**。

为了区分一个区域的起始位置和终止位置，我们把划分区域的两个下标中的较小的数值叫 low，较大的数值叫 high。例如，在图 9-6 中，low 值为 5，而 high 值为 7。

回到二分查找的待查数列 arr，可以用这两个变量（low 和 high）来界定每次循环的查找区域。

第一次的查找区域是整个数列，因此在循环开始前有如下代码。

```
low = 0               # 数列第一个元素的下标
high = len(arr) - 1   # 数列最后一个元素的下标
```

虽然上面的自然语言流程图中没有 low 和 high，但是如果要转化成代码，就要加入它们，于是形式化流程图的第一个矩形框就变成如图 9-7 所示的形式。

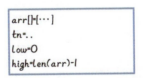

图 9-7

有了 low 和 high，就可以标识当前的查找区域，而其中心元素就是当前区域正中间的那个元素。

有了区域开头和结尾的下标，要取中心元素就比较容易。这里用一个新的变量 m 来表示中心元素的下标，于是有：

$$m = (low + high)/2$$

但是，如果 low + high 的结果是奇数，那么它们的和除以 2 的结果就是小数，而数组下标必须是整数，应该如何处理？

我们可以规定，一旦遇到这种情况，就用 (low + high)/2 所得的数字下取整，然后作为 m 的值。

在 Python 中，内置函数 int() 可以达到下取整的效果，于是有

$$m = int((low + high)/2)$$

需要注意的是，在大多数编程语言中，整型值的取值是有限定范畴的。上面公式中包

含"low + high",如果 low 和 high 都是很大的整数,那么它们的和可能会超越整型数据能够容纳数据值的上界。一旦如此,还没有除以 2,就会出现溢出错误。

为了避免出现这种错误,我们一般将此处取中心元素的下标的公式改为

$$m = \text{int}((high - low)/2) + low$$

这样,high 和 low 不会直接相加,避免了溢出错误。

虽然 Python 3 对整型数据做了特殊处理,我们可以认为不会发生溢出错误,但是保留的编程习惯有利于我们以后改写其他语言的程序。因此,这里我们还是沿用传统写法。

中心元素的下标 m 有了取值之后,要得到中心元素的值就很容易,就是 arr[m]。

至此,所有需要进行形式化表达的实体都已经有了对应的变量和赋值过程,之后就是对这些变量进行比较、判断,以及对整体进行流程控制。

9.4 二分查找的编程实现

下面将二分查找编写成程序。

9.4.1 形式化流程控制

首先回顾二分查找的流程图(见图 9-8)。

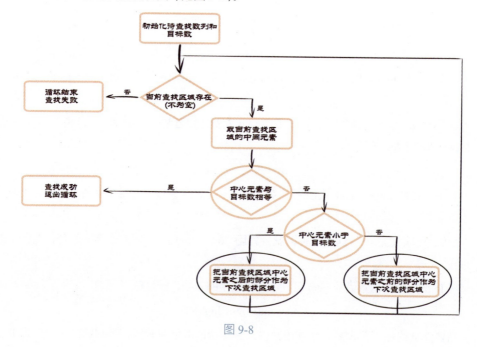

图 9-8

下面介绍算法中的条件判断和查找区域调整部分,也就是图 9-8 中黄色和黑色圈内的部分。

比较查找区域中心元素和目标数

将当前查找区域的中心元素和目标数进行比较,就是将 arr[m] 和 tn 进行比较。前面提及,在程序中比较两个变量是否相等要用 "==",所以此处的代码具体如下。

arr[m] == tn

如果相等则表示查找成功,要表达成功,可以直接打印出结果,并且同时退出循环。

print("Succeed! The target index is: ", m)
break

如果 arr[m] 与 tn 不相等,就会再次区分到底是大于还是小于,我们选取的比较条件如下。

arr[m] < tn

- 如果这个条件成立,则说明目标数应该在 m 位置后面,于是选择 m 之后的区域作为下一次的查找区域。
- 如果这个条件不成立,则选择 m 之前的区域作为下一次的查找区域。

因为上一重条件结构已经排除了 arr[m] == tn 的可能性,所以此处的"否"分支只可能表达 arr[m] > tn。

界定下一轮的查找区域

如何选择 m 位置之后的区域作为下一次循环中的查找区域?

我们使用了分别表示查找区域起始位置与终止位置的变量:low 和 high。那么在这里,我们只需要更新 low 和 high 的值就可以更新查找区域。

当前的区域是从 low 开始到 high 结束的,现在 m 是这段区域的中间点,那么要取 m 之后的区域,high 不变,low 成为 m 的后(如图 9-9 所示)。

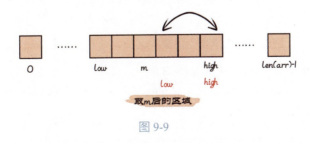

图 9-9

其代码表示如下。

```
low = m + 1    # high 不变就不用重新赋值
```

取 m 之前的区域则反过来操作，如图 9-10 所示。

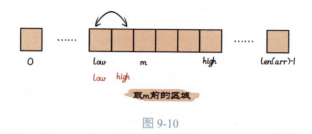

图 9-10

其代码表示如下。

```
high = m - 1    # low 不变就不用重新赋值
```

确定查找区域是否为空

每次的查找区域都越来越小。

假设本次查找区域中还有 3 个元素，中心元素是正中间的元素，下次的查找区域要么是第一个元素，要么是第三个元素，这相对比较容易。

但如果本次查找区域中还有 2 个元素，中心元素是前面那个（因为求 m 是下取整），下次查找的区域如果是 m 之后还好，如果是 m 之前，这个区域就不存在——这种状况就叫作区域不存在，或者叫区域为空。

如果这个区域中只有 1 个元素，那么该元素就是中心元素，一旦 arr[m] =/= tn，无论是大还是小，下次的查找区域都不存在。用图来表示就是如图 9-11 所示的形式。

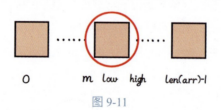

图 9-11

在图 9-11 中，红色圈内的元素是当前查找区域，其下标既是 low，也是 high，还是 m。

- 如果 arr[m] > tn，则应该更新 high 为 m−1，但是如果真的这样更新，那么更新后的 high < low，这和我们对 low 与 high 的定义相矛盾。一个区域的开始点为什么在结束点的后面呢？

如果出现这种情况，就说明下次的查找区域为空，即不存在。

- 如果 arr[m] < tn，则应该更新 low = m + 1，也会出现同样的状况，因为 low > high 与 high < low 等价。

界定区域是否存在的具体方法是：**依据 low 和 high 的关系**进行判断。如果 low 小于或等于 high，则查找区域存在；否则，查找区域不存在。

确定查找失败

如果直到查找区域都不存在，还没有找到和 tn 相等的元素，则查找失败，我们也用打印输出来表达。

```
print ("Search failed.")
```

9.4.2 从流程图到代码

用形式化的内容替代自然语言重新绘制流程图，结果如图 9-12 所示。

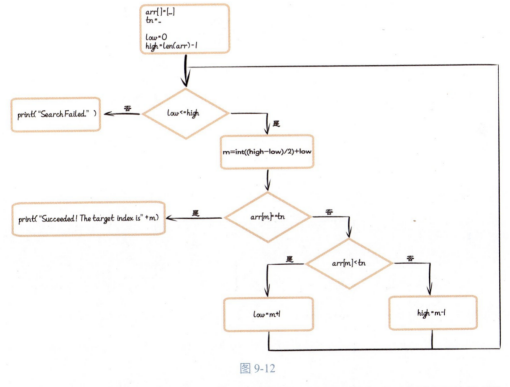

图 9-12

有了二分查找的形式化流程图，要转化成代码，将不同控制结构对应到不同的代码块中即可（如图 9-13 所示）。

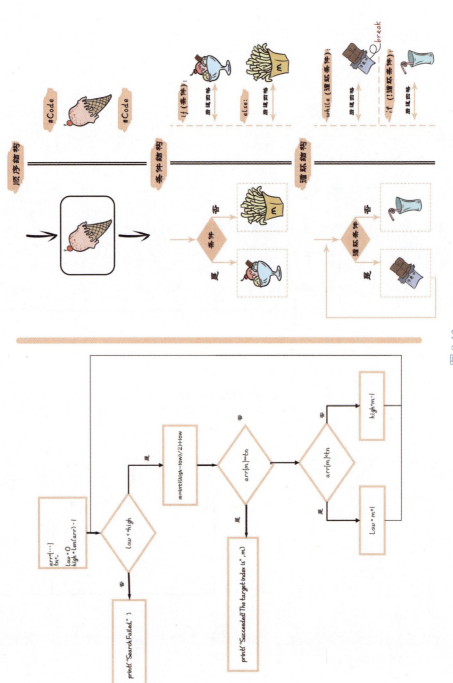

图 9-13

对应成代码就是如下形式。

代码 9-2

```python
# 表内数值可以随便改，只要保证有序排列即可
arr = [3, 5, 9, 7, 12, 15, 18, 32, 66, 78, 94, 103, 269]
tn = 5  # 可以随便改，arr中有没有都可以
low = 0
high = len(arr) - 1
while low <= high:
    m = int((high - low)/2) + low
    if arr[m] == tn:
        print("Succeeded! The target index is: ", m)
        break
    else:
        if arr[m] < tn:
            low = m + 1
        else:
            high = m - 1
if low > high:
    print("Search failed.")
```

输出结果如下：

Succeeded! The target index is: 1

读者可以更换几个 tn 尝试不同的情况，如 tn=1 时的输出结果如下：

Search failed.

9.5 二分查找的性能

下面从时间复杂度和空间复杂度两个方面阐述二分查找的性能。

9.5.1 二分查找的时间复杂度

二分查找的时间复杂度其实很容易计算。

二分查找的过程为折半→折半→折半→折半→……其实，这就是一个查找区域长度不断除以 2 的过程，一直到长度为 1 为止。因此，二分查找也被称作折半查找。

假设原本有 n 个元素，循环进行中查找区域长度的大小如下。

第一次循环为 $n = \dfrac{n}{1} = \dfrac{n}{2^0}$，第二次循环为 $\dfrac{n}{2} = \dfrac{n}{2^1}$，第三次循环为 $\dfrac{n}{4} = \dfrac{n}{2^2}$，以此类推，第 k 次循环为 $\dfrac{n}{2^{(k-1)}}$。

假设到了第 k 次循环，查找区间长度为 1，即 $\dfrac{n}{2^{(k-1)}}$ 下取整为 1，则必然有

$$\dfrac{n}{2^{(k-1)}} \geqslant 1$$

$$n \geqslant 2^{(k-1)}$$

$$\log(n) \geqslant \log(2^{(k-1)})$$

$$\log(n) \geqslant k-1$$

$$k \leqslant \log(n)+1$$

循环次数必定小于或等于 $\log(n)+1$。$\log(n)$ 表以对 n 以 2 为底取对数。

前面提及，这种单层循环可以用循环次数作为时间复杂度指标，而大 O 操作又是主要矛盾，和 $\log(n)$ 相比，常数 1 实在不算什么，因此二分查找的时间复杂度为 $O(\log(n))$。

9.5.2 二分查找的空间复杂度

二分查找没有使用任何额外的存储空间，所以它的空间复杂度为 0。

也就是说，二分查找的空间复杂度是一个常数——算法所占用的额外空间与待查数列的长度无关。因此，二分查找的空间复杂度为 $O(1)$。

第 10 章

程序中的函数

实现二分查找是为了用它在任意数列中查找任意数字，查找过程是不变的，而待查数列和目标数时时都在改变。

在第 9 章实现的代码中，存储待查数列的列表 arr 和目标数 tn 这两个变量在程序中被直接赋值。如果要改变它们的值，就要改写代码，给它们重新赋值。

当然，这样做运行是没有问题的。但是有的时候，经常改完了 arr 就忘了改 tn，容易顾此失彼。

能不能把不变的查找过程和随时可变的数列及目标数这两部分代码分隔呢？当然可以。但是要涉及一个新的编程概念：函数。

10.1 计算机领域的函数

函数对我们来说并不是一个陌生的概念，我们在初中阶段就学过函数，但那是数学领域的函数，与编程中的函数还是有区别的。

10.1.1 编程中的函数

在数学领域中，**函数**是两个集合之间的一个映射，或者说是一种**对应关系**，输入值集合中的每个元素都能对应到唯一的一个输出值集合中的元素（反之未必）。

一个函数就好像一个黑盒，或者一台机器，我们把输入值当作原料倒进去，经过内部的一番映射过程，就会产生输出值。

图 10-1

用图形来描述就是图 10-1 所示的形式。

编程中的函数借用了数学领域中的函数概念,但把纯粹数学运算的输入集合到输出集合的映射过程,替换成了一系列指令组成的操作过程。

程序中函数的作用,首先就是把变的(动态)和不变的(静态)代码分开。

这样做是因为在通常情况下,不变的部分描述的是一个特定的功能,而变的部分则用于指代这个特定功能所加诸的对象,就如同上面提到的二分查找代码一样。

10.1.2　函数的定义

程序中的**函数**是一个命令序列,也是一个代码块,只不过这个代码块有严格的开头和结尾格式。

在 Python 中,函数以图 10-2 所示的形式形成一个独立的代码块。

其中,def 用来定义函数的**关键字**,return 是返回函数输出值的**关键字**。

其他几个部分就是**函数四要素**,具体如下。

- 函数名——函数的名字,用来在程序中标识这个函数。
- 参数——将输入数据传递给函数的变量。
- 函数体——实现函数功能的代码块。
- 返回值——将函数产生的输出数据返回给外界的数值(可以是变量或字面量)。

在这 4 个要素中,**函数名**和**函数体**是**必须有**的,任何函数都不能缺少名称和主体,但**参数**和**返回值**是**可以省略**的。

也就是说,完全可以定义一个函数,它不处理任何输入数据,也不返回任何输出数据。如果是这样,那么这个函数看起来就是图 10-3 所示的形式。

图 10-2　　　　　　　　　　图 10-3

有的函数是不需要输入和输出的,比如下面这个示例。

代码 10-1

```python
def hello_world():
    print("hello world")
    return
```

10.1.3 函数的调用

除了被定义,还得被调用,这样函数才能发挥作用。

其实,定义函数就相当于制造了一个工具,如一把锤子。如果我们把锤子放在那里封存起来不用,那么和没有它没区别。我们只有用锤子来砸钉子,锤子才有用。

调用函数,就是这个砸钉子的过程。

调用函数的过程很简单,具体如下:

(1)在函数定义完成后的某处,"写下"函数的名称。

(2)把参数传递给函数。

(3)把返回值赋值给一个变量。

在这 3 个步骤中,只有第一个步骤是必须存在的,如果函数没有对应的参数或返回值,那么第二个步骤和第三个步骤可以没有。

10.1.4 二分查找函数

下面以二分查找函数为例介绍函数的定义和调用。

二分查找函数的定义如下。

代码 10-2

```python
def binary_search(arr, tn):
    low = 0
    high = len(arr) - 1
    while low <= high:
        m = int((high - low) / 2) + low
        if arr[m] == tn:
            return m
        else:
            if arr[m] < tn:
                low = m + 1
            else:
                high = m - 1
```

```
    if low > high:
        return -1
```

二分查找函数的调用如下。

代码 10-3

```
arr = [3, 5, 9, 7, 12, 15, 18, 32, 66, 78, 94, 103, 269]
tn = 5
result = binary_search(arr, tn)
if result >= 0:
    print("Succeeded! The target index is: ", result)
else:
    print("Search failed.")
```

另外，还可以在调用的时候直接用数据值而不是变量名，如下面这样调用也可以：

`result = binary_search([3, 5, 9, 7, 12, 15, 18, 32, 66, 78, 94, 103, 269], 5)`

还有的用变量名，有的用数据值，具体示例如下：

`result = binary_search(arr, 5)`

10.2 函数的作用

函数的作用主要有 3 个：**重用**、**抽象**和**封装**，下面依次进行介绍。

10.2.1 重用

函数最基本的作用是重用。**重用**的意思是：定义一次，调用多次。

例如，上面的二分查找函数，我们一旦定义了它，就可以调用无数次，每次都可以为它赋予不同的参数（arr 和 tn）值，由此可以用它在任意数列中查找任意数值。

有的读者可能会认为，就算是这样，也不必非要用函数，现在用来查找这个数列，再查找下一个数列的时候，把 arr 的值改一下就可以。

这样做当然可以，但是如果我们要在一个程序中对多个数列进行查找，那么如何通过修改 arr 做到呢？

如果不用函数，要查找多个数列，就只能把二分查找的功能代码依次复制到每对数列和目标数后面，查找几个数列就要复制几次。

如果同时处理的数列较少，这样做还可以，如果要处理很多数列应该怎么办？

例如，在一个装载 1~1000 的数列中，依次查找 1, 2, 3, …, 1000 这些数字。如果使用函数，则只需调用 1000 次即可，调用代码如下。

代码 10-4

```
arr = []
for i in range(1, 1001):
    arr.append(i)
for tn in range(1, 1001):
    result = binary_search(arr, tn)
    if result >= 0:
        print("Succeeded! The target index is: ", result)
    else:
        print("Search failed.")
```

这样就可以调用二分查找函数 1000 次。

如果没有函数，则只能把 binary_search() 函数的内容复制 1000 次，这个操作非常麻烦。

单纯复制也可以，但 1000 次复制完成后又发现该代码块需要修改，应该怎么办？修改 1000 次显然不切实际，因为修改后很容易出现代码不一致的现象。

10.2.2 抽象和封装

抽象，是指当使用一个函数的时候，只需要知道以下几点就可以调用（使用）它：

- 函数的功能——它是用来做什么的。
- 函数名。
- 参数。
- 返回值。

函数的使用者（而非定义者）并不需要知道函数工作的细节，即不需要知道函数体是如何实现的。对于函数体内的各种操作和运算，使用者可以不必理解。

调用函数就好比开车，我们知道车是用来代步的，知道方向盘、油门、刹车等怎么用就可以，而不用掌握发动机的构造、化学能到动能的转化等。

封装和**抽象**是共生的，既然要把功能抽象出来，就必须把这份抽象出来的功能"包"起来，这样才能提供给其他人使用！

例如，把 binary_search() 函数放在一个名为 SearchAlgorithms.py 的 Python 文件中，然后在另一个 Python 文件（如 test.py）中调用它，如果这两个 Python 文件在同一个目录下，则只需要在 test.py 文件中写入如下代码。

代码 10-5

```
from SearchAlgorithms import binary_search
```

也可以把 binary_search() 函数写在 test.py 文件中，直接在 test.py 文件中进行调用即可。

无法实现有效的抽象和封装是许多 Bug 产生的根本原因。

对抽象和封装的追求是编程乃至软件开发中非常重要的一种思想，函数只是这种思想在软件开发最基层的一种体现。

在更高的层面上，许多编程语言的特征（如函数的重载、覆盖）都是为了更好地实现抽象和封装的目的。

编程语言之所以衍生出不同的编程范型，很大一部分原因是为了用各种手段和方法达到操作的抽象与封装。

10.2.3　从程序之外获得数据

用户输入数据

很多时候，我们需要计算的数据并不是现成的，而是需要在运行过程中获取，其中比较典型的一种状况就是让用户在程序运行的时候输入（部分）运算数据。

在这种情况下，把运算功能抽象成函数并封装起来，到了需要的时候再用（重用）就会非常方便，具体示例如下。

代码 10-6

```python
from SearchAlgorithms import binary_search


arr_input = input("input the number sequence, separated by ',':")
arr_strs = arr_input.strip().split(',')    # 输入的序列以逗号进行分隔，切分成一个列表的若干元素
arr = list(map(int, arr_strs))             # 将一个元素类型为字符串型的序列转换为类型为整型的序列
tn_input = input("input target number:")
tn = int(tn_input.strip())
result = binary_search(arr, tn)
if result >= 0:
    print("Succeeded! The target index is: ", result)
else:
    print("Search failed.")
```

本程序的运行结果如下：

```
input the number sequence, separated by ',':1,3,6,8,9,12,23,37,45,68,99,102
input target number:8
Succeeded! The target index is: 3
```

有了这样一个程序，我们就可以直接在命令行运行，然后通过在命令行的交互读取用户输入。

持续接收用户输入的数据

在一个永真循环内不断地接收用户输入的数据。

代码 10-7

```python
from SearchAlgorithms import binary_search


while 1:
    arr_input = input("input the number sequence, separated by ',':")
    arr_strs = arr_input.strip().split(',')
    arr = list(map(int, arr_strs))
    tn_input = input("input target number:")
    tn = int(tn_input.strip())
    result = binary_search(arr, tn)
    if result >= 0:
        print("Succeeded! The target index is: ", result)
    else:
        print("Search failed.")
```

因此，只要不强制退出程序，我们就可以在命令端不停地输入数列和目标数，具体示例如下。

```
input the number sequence, separated by ',':1,3,5,7,9
input target number:4
Search failed.
input the number sequence, separated by ',':2,4,6,8,10
input target number:4
Succeeded! The target index is: 1
input the number sequence, separated by ',': 1,2,3,5,8,13,21,34,55,89
input target number:1
Succeeded! The target index is: 0
input the number sequence, separated by ',': ……
```

这种让用户输入数据，再运算，最后告知用户运算结果的程序运行模式叫作**交互式**模式。

小贴士：前面讲循环结构时曾讲过永不结束的循环是"死循环"。但那是指因逻辑错误导致的无法结束循环，与此处人为指定"while 1"是不同的。此处的 while 1 是为了让程序不停接收用户输入，需要时可按 Ctrl+C 组合键退出。

从文件中获得数据

除了让用户从命令行输入数据给程序，我们还可以通过读取文件获得数据。

例如，若进行二分查找，我们可以用一个文本文件来存储待查数列和目标数，其中每行包含一对数列和目标数，数列在前，目标数在后，两者之间用"|"进行分隔，而数列内部的不同数字之间用逗号进行分隔。

当文件和 Python 程序放在同一个目录下时，相对路径为空，直接以文件名作为路径即可；否则写上相对路径或绝对路径。

代码 10-8

```python
from SearchAlgorithms import binary_search


filePath = 'sequences_for_search.txt'
with open(filePath) as fp:
    line = fp.readline()
    while line:
        tmps = line.strip().split('|')          # 将读入的一行用"|"分隔为两段
        if len(tmps) != 2:                       # 如果格式不对，则忽略此行
            continue
        arr_strs = tmps[0].strip().split(',')    # 将"|"前的部分再以逗号进行分隔
        arr = list(map(int, arr_strs))           # 转化为整型列表
        这行为如下
        tn=(tmps[i].strip())
        tn = int(tmps[i].strip())                # 将"|"后的部分读取为整型
        result = binary_search(arr, tn)
        if result >= 0:
            print("Succeeded! The target index is: ", result)
        else:
            print("Search failed.")
        line = fp.readline()
```

假设 sequences_for_search.txt 的内容如下。

```
1,2,3,4,5,6,7,8,9,10,11,12,13,14,15,16|5
2,3,7,8,12,14,15,26,37,44,53,61,78,80,94,99,104,106|106
7,9,18,21,33,34,37,39,40,41,49,51,69,107,123,458,699,723,875,1023|34
```

则输出结果如下。

```
Succeeded! The target index is: 4
Succeeded! The target index is: 17
Succeeded! The target index is: 5
```

10.3 函数的参数

函数封装了功能，但依然和外部保持通信、交换数据，这时候就需要使用参数来接收外界的数据输入。

10.3.1 函数的参数及其值的变化

两段代码

我们先来看看下面这两段代码，分别推测一下它们会输出什么结果。

建议读者先不要看后面给出的结果，也不要急着把代码放到运行环境中进行尝试，而是自己先进行推演。

代码 10-9

```python
def test_scalar_param(a):
    a = a * 2
    return a
x = 3
y = test_scalar_param(x)
print("x is", x)
print("y is", y)
```

代码 10-10

```python
def test_list_param(arr):
    for i in range(0, len(arr)):
        arr[i] = arr[i] * 2
    return arr
x_arr = [1, 2, 3, 4, 5]
y_arr = test_list_param(x_arr)
print("xArr is", x_arr)
print("yArr is", y_arr)
```

输出结果究竟是什么？

代码输出

代码 10-9 的输出结果如下：

x is 3
y is 6

代码 10-10 的输出结果如下：

```
xArr is [2, 4, 6, 8, 10]
yArr is [2, 4, 6, 8, 10]
```

函数参数值的变化

- 在代码 10-9 中，在调用 test_scalar_param() 函数时，将 x 作为参数传给了它，之后在函数内部，参数变量明明被重新赋值，为什么调用完成后再打印曾经做过它参数的 x 还是原来的值？

- 在代码 10-10 中，传给 test_list_param() 函数的参数 x_arr 在函数内部被修改，即重新赋值，调用完成后再打印是重新赋值之后的样子。

为什么看起来这么像的两个函数，对于参数的处理是不同的？一个函数的参数如果在函数内部被赋予新值，那么在函数调用结束后，这个参数的值是否会改变？

10.3.2　Python 的函数参数传递

Python 的函数参数传递分为传对象（Object）和传对象引用（Object Reference）两种方式。之所以分为两种方式，是因为在 Python 中一切都是对象，但是对象又分为可变（Mutable）对象和不可变（Immutable）对象。

对于 Python 的内置数据类型而言，可变对象和不可变对象分别包含以下几种类型：

- 可变对象包含列表（List）、字典（Dict）和集合（Set）。
- 不可变对象则包含整型（Int）、浮点型（Float）、布尔型（Bool）、字符串型（String）和元组型（Tuple）。

在这里我们不罗列定义和抽象解释，而是从感性角度用例子展开介绍。

可变对象在传递给函数后，是可以在函数内部修改的，不可变对象则不可以。下面以煮 () 函数和混合煮 () 函数为例解释 Python 的函数参数传对象与传对象引用的区别。

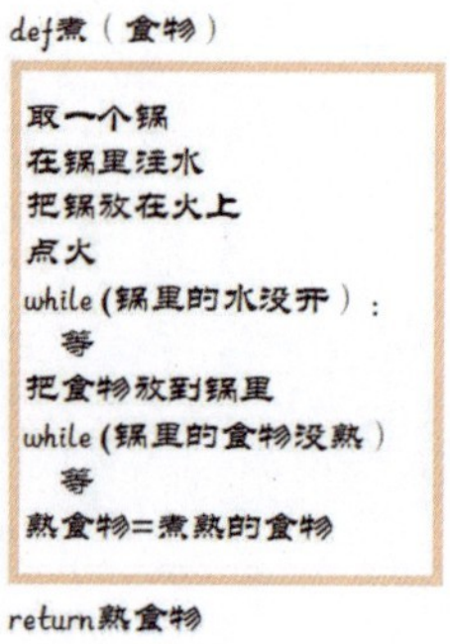

传对象

下面先介绍煮 () 函数，其定义如图 10-4 所示。

其中，"食物"就是传入函数体的参数，它是一个**不可变对象**，以**传对象**的方式传给煮 () 函数。

这种参数传递方式相当于将这个对象复制了一份，进入函数之中的是它的替身，而不是它自己。在函数内部，所有针对这个参数的操作都作用到了替身上，对其自身并无妨碍。

下面介绍对煮 () 函数的调用。

调用 1 如下：

图 10-4

```
cookedEgg=煮(鸡蛋)
```

调用 2 如下：

```
food=汤圆
cookedFood=煮(food)
```

调用 2 运行完之后，food 的值仍然是"汤圆"，而不是"熟汤圆"。

这是因为在将参数传给煮 () 函数的时候，煮 () 函数只是"看了一眼"传过来的参数是哪种食物，然后"自己另外去拿了一份同样的食物，并没有直接烹饪原本的那份食物"。

煮 () 函数完成调用之后，cookedFood 的值是"熟汤圆"，而 food 还是原来的"（生）汤圆"，它只是给煮 () 函数看了看，并没有真正投进锅中。

当我们需要连续煮一系列食物的时候，需要做如图 10-5 所示的处理（调用 3）。

```
someFoods=[鸡蛋,西红柿,土豆,鱼]
someCookedFoods=[]
for f in someFoods:
    someCookedFoods.append(煮(f))
```

图 10-5

对于煮 () 函数而言，someFoods 就如同一个样品盒，煮 () 函数"看到"其中一种食物，就从别处找一个同样的放在锅里煮，煮好后放在事先准备好的另一个食品盒 someCookedFoods 中，如此逐次操作。

每样食物都煮好之后，原来样品盒中的东西没动，而又多出来一系列熟食物放在 someCookedFoods 中（见图 10-6）。

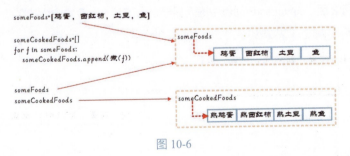

图 10-6

传对象引用

下面介绍混合煮 () 函数，它的定义如图 10-7 所示。

```
def 混合煮(食物组)
    取一个锅
    在锅里注水
    把锅放在火上
    点火
    while (锅里的水没开):
        等
    for f in 食物组:
        把 f 放在锅里
    index = 0
    while (锅里没空):
        if (锅里的一种食物熟了):
            食物组[index] = 熟了的食物
            index = index + 1
        等
    return
```

图 10-7

混合煮()函数的参数是一个列表，也是一个**可变对象**，对于这类参数，Python 的处理是将该对象的引用传给函数——**传对象引用**。

传对象引用的方式，就是将一个对象本身作为参数传递给函数，这个对象进入函数体之后，在其中对这个对象做的所有事情都落实到了这个对象上。

调用混合煮()函数非常简单，具体如下：

```
someFoods = [鸡蛋, 西红柿, 土豆, 鱼]
混合煮(someFoods)
```

小贴士：混合煮()函数没有返回值。

对于混合煮()函数而言，someFoods 是一个实际的食物盒，将里面装的东西一起倒在锅里混在一起煮，哪样熟了就把哪样捞起来放到原来的食物盒中。

函数运行之后，someFoods 列表中的元素值都会改变——食物盒中的东西不仅顺序会改变，还会变成"熟的"（见图 10-8）。

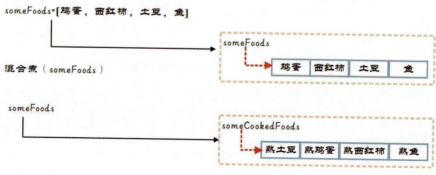

图 10-8

10.3.3 函数参数问题的简化理解

前面的内容看起来可能有点乱,对刚刚接触 Python 函数的初学者来说可能很难理解。

函数的参数的数据类型是基础类型(如整型)还是列表类型,是一件非常关键的事情,我们要将这两种情况进行区分:

- 如果某个变量是一个整型变量,那么就算把它传给了一个函数,无论在函数中如何操作,调用完之后,它的原值仍然不变。
- 如果把一个列表变量传给一个函数,那么函数调用完之后,列表中元素的内容就有可能会改变。

虽然像代码 10-10 那样,函数在处理一个列表变量之后,再将它作为返回值返回也是可以的,但是这个程序中的几个列表变量指向的都是同一个列表对象,只不过其中的元素值经过函数以后发生了变化而已(如图 10-9 所示)。

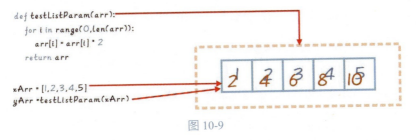

图 10-9

因此,以后如果遇到要直接经由一个函数修改列表中元素值的情况,就不要再将修改结果经返回值传递出函数,这样更容易搞乱,直接在原来的参数变量中修改即可。

也就是说,建议将代码 10-10 改成如下形式。

代码 10-11

```python
def test_list_param(arr):
    for i in range(0, len(arr)):
        arr[i] = arr[i] * 2
    return
x_arr = [1, 2, 3, 4, 5]
print("Before function:", x_arr)
test_list_param(x_arr)
print("After function:", x_arr)
```

输出结果如下。

```
Before function: [1, 2, 3, 4, 5]
After function: [2, 4, 6, 8, 10]
```

第 11 章 编程实现猜数游戏

本章以编写猜数游戏为例,介绍什么是 Bug 和 Debug。

11.1 用Python实现猜数游戏

前面提到的猜数游戏可以用代码写出来。

11.1.1 猜数游戏与二分查找

猜数游戏的问题是攻击者如何保证在 10 次(含)之内猜出防守者的数字。因为 $2^{10}=1024>1000$,所以如果运用二分查找算法,作为攻击者肯定是可以赢得比赛的。

实现 1~1000 数列的二分查找算法

既然二分查找算法适用于猜数游戏,那么可以先套用二分查找算法实现代码,从而实现 1~1000 数列的二分查找,编写的代码如下。

代码 11-1

```python
arr = list(range(1, 1001))   # 生成一个列表,里面按顺序存储了1~1000这1000个元素
tn = 635                     # 可以随便改
low = 0
high = len(arr) - 1
while low <= high:
    m = int((high - low) / 2) + low
```

```
        if arr[m] == tn:
            # 把打印出目标数所在的位置下标改成直接打印出目标数
            print("Succeeded! The target number is: ", arr[m])
            break
        else:
            if arr[m] < tn:
                low = m + 1
            else:
                high = m - 1
    if low > high:
        print("Search failed.")
```

第一行代码使用了 Python 3 中的两个内置函数：list() 和 range()，用它们直接生成一个包含 1000 个元素的列表，并且其中的元素从 1 开始数值依次递增 1。

在查找成功时的打印语句里的 arr 中，所有的元素值和元素下标存在一一对应的关系，因此不必打印位置信息，直接打印元素值即可。这样，也可以和稍后的修改保持一致。

1~1000 数列二分查找算法的另一种写法

在代码 11-1 的实现中，每个元素的位置和元素值有直接的对应关系，即下标 +1 == 元素值。既然如此，我们不必把这 1000 个数字放在一个列表型变量中，完全可以用下面的方法实现同一个算法。

代码 11-2

```
tn = 635   # 可以随便改
low = 1
high = 1000
while low <= high:
    m = int((high - low) / 2) + low
    if m == tn:
        # 打印出目标数
        print("Succeeded! The target number is: ", m)
        break
    else:
        if m < tn:
            low = m + 1
        else:
            high = m - 1
if low > high:
    print("Search failed.")
```

用 low、high 和 m 直接代表元素值本身即可，因为自然数本来就是有序的等差数列。

11.1.2 编写猜数游戏攻击者辅助程序

辅助攻击者的程序

上面用代码实现了 1~1000 进行二分查找的功能。但如果仅仅只是这样的程序,它自己作为攻击者是可以的,但无法变成人类攻击者的辅助工具。

在玩猜数游戏时,如果人类攻击者"人肉"运用二分查找,那么每次迭代都要进行如下操作:

- 在头脑中计算出当前查找区间的中位数。
- 告知对方(防守者)。
- 等对方报出或大或小的结果后,再计算下一次查找的区间。

之后,进入下一轮迭代。

过程非常烦琐,如果有一个程序替我们来做这些操作就会更容易。

我们希望有一个程序,能完成如下这些功能:

- 攻击者运行它之后,会自动提出一个猜测值。
- 攻击者把这个猜测值告知对手,然后将对手的反馈告知程序。
- 程序再据此产生下一个猜测值。
- ……

如此反复多轮,直到猜出结果为止。

由二分查找算法而来

这个辅助程序的基础是一个二分查找算法,和标准二分查找算法的不同在于,这个程序是不知道目标数的。

程序只是在 1~1000 的范畴上运行二分查找,但每次循环得出当前的中位数之后,就要将其作为猜测数打印出来;然后等着用户告知程序,这个当前的猜测数是大、是小还是正好,而不是继续运行,需要根据用户的反馈进行下一轮循环。

这里涉及输入和输出(打印)。打印可以用已经学过的 print() 函数,但是如何使用户告诉程序信息呢?

Python 有一个非常好用的内置函数 input(),用这个函数可以读取用户的输入信息,示例代码如下。

代码 11-3

```
user_input = input("Your input: ")
print(user_input)
```

第一行代码的功能是在屏幕上输出"Your input："，然后等着用户输入。用户输入一行字，然后按 Enter 键，用户输入的内容就成为变量 user_input 的值，第二行代码把这个值打印出来。

下面是代码 11-3 的一次运行结果：

```
Your input: I'm Ye Mengmeng.
I'm Ye Mengmeng.
```

我们要编写的程序是为了在二分查找中实现以下两点：

- 每次计算出中间数之后，将其打印出来，并询问与猜测数的大小关系。
- 读取用户输入，以确定当前猜测数和目标数的大小关系。

除此之外，用户应该如何输入呢？

假设允许用户随便输入文字（如"Unfortunately, your guess is less than my secret number. Try again!"之类），程序要读懂还得理解自然语言，这会需要很多额外的技术和工作。要知道，自然语言处理（Natural Language Processing, NLP）是当前人工智能领域的主要研究范畴之一。

一个小游戏没有必要搞那么复杂，就用传统计算机程序最常用的：命令式输入——用固定的输入代替固定的含义，让用户用输入 1、2 或 3 代替"猜中了""太小了""太大了"。

另外，人类经常会犯错，可能会输入其他的数字或字母，此时应该如何处理？

该处理过程如下：判断用户输入的是否是 1、2 或 3，如果都不是，则说明用户的输入不合法，要求用户重新输入。

辅助程序的实现

辅助程序代码如下。

代码 11-4

```
low = 1
high = 1000

while low <= high:
    m = int((high - low) / 2) + low
    print("My guess is", m)

    # user_input是循环条件中被判断的变量，因此需要在循环之前先有一个值，否则循环会出错
    user_input = ""
    while user_input != '1' and user_input != '2' and user_input != '3':

        print("\t\t1) Bingo! %s is the secret number! \n\
    2) %s < the secret number.\n\
    3) %s > the secret number." % (m, m, m))
```

```
        user_input = input("Your option:")
        user_input = user_input.strip()

    if user_input == '1':
        print("Succeeded! The secret number is %s." % m )
        break
    else:
        if user_input == '2':
            low = m + 1
        else:
            high = m - 1

if low > high:
    print("Failed! ")
```

此时如果假设神秘数是 732，则运行结果如下。

```
My guess is 500
        1) Bingo! 500 is the secret number!
        2) 500 < the secret number.
        3) 500 > the secret number.
Your option:2
My guess is 750
        1) Bingo! 750 is the secret number!
        2) 750 < the secret number.
        3) 750 > the secret number.
Your option:3
My guess is 625
        1) Bingo! 625 is the secret number!
        2) 625 < the secret number.
        3) 625 > the secret number.
Your option:2
My guess is 687
        1) Bingo! 687 is the secret number!
        2) 687 < the secret number.
        3) 687 > the secret number.
Your option:2
My guess is 718
        1) Bingo! 718 is the secret number!
        2) 718 < the secret number.
        3) 718 > the secret number.
Your option:2
My guess is 734
        1) Bingo! 734 is the secret number!
```

```
        2) 734 < the secret number.
        3) 734 > the secret number.
Your option:3
My guess is 726
        1) Bingo! 726 is the secret number!
        2) 726 < the secret number.
        3) 726 > the secret number.
Your option:2
My guess is 730
        1) Bingo! 730 is the secret number!
        2) 730 < the secret number.
        3) 730 > the secret number.
Your option:2
My guess is 732
        1) Bingo! 732 is the secret number!
        2) 732 < the secret number.
        3) 732 > the secret number.
Your option:1
Succeeded! The secret number is 732.
```

辅助程序的改进

我们可以直接辅助攻击者赢得游戏，但是现在还有以下几个小问题：

- 虽然这样做可以找到神秘数，但是要自己数到底猜了几轮。
- 如果使用程序的人每次输入的都不是 1、2 或 3，而是其他字符，那么程序会无限等待下去。

针对这两个小问题，我们还要做一点修改，具体如下：

- 为了能够确切知道辅助程序找到神秘数用了多少轮，我们再加入一个变量 loop_num，用来记录运行过的循环轮数，也就是用户猜测数字的次数。
- 每次猜测都打印出当前的猜测次数，如果超过了 10 次还没有答对，则直接输出"Failed"。
- 加入变量 input_num 用来记录用户的输入次数，每次用户输入只允许错误 3 次，一旦超过 3 次，则直接退出程序。

代码 11-5

```python
low = 1
high = 1000
loop_num = 0    # 记录循环轮数
while low <= high:
    m = int((high - low) / 2) + low
```

```python
    print("My guess is", m)
    # user_input是循环条件中被判断的变量，因此需要在循环之前先有一个值，否则循环会出错
    user_input = ""
    input_num = 0
    while user_input != '1' and user_input != '2' and user_input != '3':
        if input_num == 3:
            print("\nYou input too many invalid options. Game over!")
            exit(0)
        print("\t\t1) Bingo! %s is the secret number! \n\
    2) %s < the secret number.\n\
    3) %s > the secret number." % (m, m, m))
        user_input = input("Your option:")
        user_input = user_input.strip()
        
        input_num += 1
    input_num = 0
    loop_num += 1
    if user_input == '1':
        print("Succeeded! The secret number is %s.\n\
    It took %s round to locate the secret number. \n" % (m, loop_num))
        break
    else:
        if user_input == '2':
            low = m + 1
        else:
            high = m - 1
if low > high:
    print("Failed! Cannot got your secret number. Make sure it in range of [1, 1000].")
```

这样我们就有了一个完整的"猜数攻击者小助手"，可以用它来辅助我们击败防守者。

我们可以尝试分别用 732，1000 和 1 作为神秘数，用小助手来辅助"攻击"，并查看结果。

经过 9 轮猜测，猜中 732；经过 10 轮猜测，猜中 1000；经过 9 轮猜测，猜中 1。

请读者思考：如果把猜数字的规模扩大，仍然从 1 开始，到整数 x（$x>1000$）结束，确保 10 轮之内（含 10 轮）必须猜中，那么 x 最大可以是多少？（提示，2^{10}=1024，那么 x 是不是应该等于 1024 呢？）

如果想不出答案，可以将 1024 作为神秘数，运行代码 11-5 来看结果。

11.2 修改后的猜数小助手为什么输了

小 A 学习了前面的猜数游戏程序之后，决定自己把"猜数攻击者小助手"重新实现一遍。

但小 A 认为：程序写出来是我自己用的，于是删除了一些限制。另外，最好每轮都打印出当前是第几轮，这样可以看得更清楚。于是，程序变成如下形式。

代码 11-6

```
low = 1
high = 1000
loop_num = 0
while low <= high:
    m = int((high - low) / 2) + low
    loop_num += 1
    print("[Loop %s]: My guess is %s" % (loop_num, m))
    user_input = ""
    while user_input != '1' and user_input != '2' and user_input != '3' :
        print("\t\t1) %s == sn \n\
2) %s < sn.\n\
3) %s > sn." % (m, m, m))
        user_input = input("Your option:")
        user_input = user_input.strip()
    if user_input == '1':
        print("Succeeded! SN is: ", m)
        break
    else:
        if user_input == '2':
            low = m
        else:
            high = m
if low > high:
    print("Failed! Cannot got your secret number. Make sure it in range of [1, 1000].")
```

然后小 A 自己尝试了一下——心里想着一个数字"732"，然后运行这个程序，输出结果如下。

```
[Loop 1]: My guess is 500          1) 687 == sn                    2) 726 < sn.
1) 500 == sn                       2) 687 < sn.                    3) 726 > sn.
2) 500 < sn.                       3) 687 > sn.                    Your option:2
3) 500 > sn.                       Your option:2                   [Loop 8]: My guess is 730
Your option:2                      [Loop 5]: My guess is 718       1) 730 == sn
[Loop 2]: My guess is 750          1) 718 == sn                    2) 730 < sn.
1) 750 == sn                       2) 718 < sn.                    3) 730 > sn.
2) 750 < sn.                       3) 718 > sn.                    Your option:2
3) 750 > sn.                       Your option:2                   [Loop 9]: My guess is 732
Your option:3                      [Loop 6]: My guess is 734       1) 732 == sn
[Loop 3]: My guess is 625          1) 734 == sn                    2) 732 < sn.
1) 625 == sn                       2) 734 < sn.                    3) 732 > sn.
2) 625 < sn.                       3) 734 > sn.                    Your option:1
3) 625 > sn.                       Your option:3                   Succeeded! SN is:732
Your option:2                      [Loop 7]: My guess is 726
[Loop 4]: My guess is 687          1) 726 == sn
```

输出结果是正确的。

于是小 A 就用这个程序做助手和朋友玩猜数游戏。

小 C 作为防守者和小 A 一起玩猜数游戏。结果小 A 连续猜测了 10 轮，都没有找到小 C 心中的神秘数。

这 10 次猜测的过程如下。

```
[Loop 1]: My guess is 500          2) 937 < sn.                    Your option:2
1) 500 == sn                       3) 937 > sn.                    [Loop 8]: My guess is 996
2) 500 < sn.                       Your option:2                   1) 996 == sn
3) 500 > sn.                       [Loop 5]: My guess is 968       2) 996 < sn.
Your option:2                      1) 968 == sn                    3) 996 > sn.
[Loop 2]: My guess is 750          2) 968 < sn.                    Your option:2
1) 750 == sn                       3) 968 > sn.                    [Loop 9]: My guess is 998
2) 750 < sn.                       Your option:2                   1) 998 == sn
3) 750 > sn.                       [Loop 6]: My guess is 984       2) 998 < sn.
Your option:2                      1) 984 == sn                    3) 998 > sn.
[Loop 3]: My guess is 875          2) 984 < sn.                    Your option:2
1) 875 == sn                       3) 984 > sn.                    [Loop 10]: My guess is 999
2) 875 < sn.                       Your option:2                   1) 999 == sn
3) 875 > sn.                       [Loop 7]: My guess is 992       2) 999 < sn.
Your option:2                      1) 992 == sn                    3) 999 > sn.
[Loop 4]: My guess is 937          2) 992 < sn.                    Your option:2
1) 937 == sn                       3) 992 > sn.
```

小 A 很不服气，说："你一定是想了一个大于 1000 的数字，你犯规！"

小 C 说："我想的明明就是 1000 啊，为什么你的程序都猜不出来？"

小 A 不信，于是自己心里想着"1000"，又运行了一遍程序，居然和跟小 C 玩的这次的输出完全一样。这是为什么呢？

通过这次运行，小 A 发现了更奇怪的事情：在第 10 轮之后，还可以不断地输入，但是每次猜测的结果都是"999"。

```
……
[Loop 10]: My guess is 999
1) 999 == sn
2) 999 < sn.
3) 999 > sn.
Your option:2
[Loop 11]: My guess is 999
1) 999 == sn
2) 999 < sn.
3) 999 > sn.
Your option:2
[Loop 12]: My guess is 999
1) 999 == sn
2) 999 < sn.
3) 999 > sn.
Your option:2
[Loop 13]: My guess is 999
1) 999 == sn
2) 999 < sn.
3) 999 > sn.
Your option:2
[Loop 14]: My guess is 999
1) 999 == sn
2) 999 < sn.
3) 999 > sn.
Your option:2
……
```

面对这种情况，小 C 肯定地说："你的程序出 Bug 啦。"

11.3　Bug

什么是 Bug？其实，这个概念其实已经出现很久了。

历史悠久的 Bug

Bug 一词如果非要翻译成中文，应该叫作"程序错误"。在一般情况下，我们就保持它的英文原型：Bug。在英语中，Bug 是虫子、昆虫的意思。

早在 19 世纪后期，Bug 就在工程领域被用于指代缺陷（Defect）。

托马斯·爱迪生在 1878 年的一封信中曾写道：我所有的发明都是如此的。第一步是直觉，继而是喷发，然后难度升高，"Bugs"出现了——我们这么称呼那些难点和错误……

1931 年，第一台机械弹珠机被认为是无 Bug 的（"Free of Bugs"）。在第二次世界大战中，军事装备的问题被称为 Bugs。

第一个计算机 Bug，真正的 Bug

Bug 这个术语被用于计算机领域，要归功于 Grace Hopper（见图 11-1）。

1946 年，Hopper 从海军退役之后加入哈佛大学的计算实验室，在那里她使用当时的两台电子计算机（Mark II 和 Mark III）进行研究工作。

操作员发现 Mark II 电子计算机的一个错误是因为有一只蛾子死在了继电器上，于是把这只蛾子从继电器里拿出来，贴在了日志中。

图 11-1

图 11-2 是哈佛 Mark II 电子计算机日志中的一页，上面黏着一只从设备上移除的死了的蛾子。

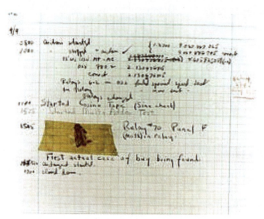

图 11-2

Hopper 并不是第一个找到计算机中 Bug 的人，但她公布了这起故障，使它广为人知。于是，从那儿以后人们将所有计算机程序的错误或故障叫作 Bug。

从此，Bug 成了计算机领域的专门术语，是指因为程序本身有错，导致在运行过程中出现的各种错误。

比较典型的程序错误是功能不能正常实现，比较严重的错误是数据丢失、程序非正常中断、计算机死机等。

小 A 的 Bug

小 A 的 Bug 在哪里？

对于程序出现 Bug 这一点，小 A 通过自己的验证已经确认了，但是 Bug 到底出在哪里呢？

小 A 本来想把自己的程序和原本的程序一行一行地进行对比，但是为了方便还改了不少地方，肯定大多数行都是不一样的，这能比对出结果吗？

如果不是一行一行地进行对比，又该如何查找错误呢？

11.4　Bug的天敌——Debug

发现 Bug 之后应当 Debug。

11.4.1　什么是 Debug

针对上述问题，小 A 去问程序员小 D。小 D 听了小 A 的陈述，又仔细看了小 A 的程序，然后在里面添加了几行代码又运行了几遍。

最后，小 D 告诉小 A："我知道你的 Bug 出在哪儿了，也知道如何 fix（修复）它。"

小 A 连忙请教："你是怎么找到 Bug 的？"

小 D 神秘一笑，抛出了另一个术语：Debug。

小 D 告诉小 A："Debug，中文叫作调试，是指修补、改正软件程序错误的过程。但调试这个词比较容易产生歧义，不如 Debug 明确，一般遇到 Bug 之后找到、改正它的过程，就直接用英语称呼了。"

小 A 说："Debug 是不是有 1，2，3，4，5……若干步，按照步骤做就能找到 Bug 出在哪里，然后修改啦？"

小 D 说："因为程序本身的复杂性，加上问题类型的多样性，Debug 其实没有一定之规。有些复杂的情况，Debug 会是一个相当困难的过程。

"不过，你现在遇到的这个 Bug 实在是太简单了。

"第一，它是功能性的，也就是说，实际给出的结果和我们的预期不符合，整体而言，这样的 Bug 比死机、异常退出等更容易 Debug。

"第二，你的程序总共就这么点代码，都在一个文件里，不涉及远程访问，没有多线程，也没有用到未经严密测试的自定义支持库，所有的问题都在这几行代码中，很好找。

"对于这类简单的功能性 Bug，各种语言的程序 Debug 都有一个共性，就是追踪——从输入开始，观察输入的数据是如何一步步被处理的，在哪一步上面产生了和预期不相符的结果。

"本来各类 IDE 里面都会有 Debug 工具，用来单步执行程序，并且可以同时追踪各个变量的值的变化。还有一些操作系统有专门的 Debug 工具，如 Solaris 的 DTrace 等，可以用来查看内存甚至寄存器内部的数据变换状况。

"你用的 IDE PyCharm 也是有 Debug 功能的，但是因为你用的是免费的社区版，所以有可能对应的 Debug 功能并不能用——这和你的操作系统有关系。"

"但是我们就算没有 Debug 工具的支持，一样可以 Debug，这就要用到最原始的一招了。这招是：逐步打印变量。"

11.4.2　常用 Debug 方法：打印变量中间值

小 D 喘口气，指着小 A 的代码继续说："在添加打印操作之前，我们先来看看你的程序的问题——现在不是完全找不到目标数，而是无法在 10 轮之内找到'1000'。这说明这个程序的方向还是对的，否则，如果根本就错，那可能一个目标数也找不到。"

小 A："那到底是怎么回事啊？"

小 D："要确定是怎么回事，就要使用我们的逐步打印法。要知道，在循环内部实际上有 3 个变量，即 low、high 和 m。现在我们能看到的只有 m，无法立即判断为什么 m 连续多次未改变，那么就让我们把 low 和 high 也打印出来。"

原来的代码如下。

```
print("[Loop %s]: My guess is %s" % (loop_num, m))
```

小 D 改成了如下形式。

```
print("[Loop %s]: My guess is %s, low is %s, and high is %s" % (loop_num, m, low, high))
```

然后运行程序，结果发现，从第 10 轮开始，每轮的 low、high 和 m 都是一样的。

```
My guess is 999, low is: 999, and high is: 1000
```

小 D："因为计算 m 的公式是求 low 和 high 的平均值并且下取整，所以 low 是 999，high 是 1000，m 是 999，这没有疑问。

"但是按照程序的设计，如果这次没有猜中，而且对方还告诉程序，猜测数比目标数小，程序不是应该调整 low 和 high 的数值吗？

"按照这种情况，上一次'My guess is 999, low is: 999, and high is: 1000'，下一次的 low 和 high 就应该都是 1000 才对呀。为什么下一次的 low 还是 999 没有变呢？你自己看看。"

小 A 按照小 D 的提示，仔细查看了更新 low 和 high 部分的代码，终于发现了问题："我知道了，错在每次更新的时候，如果猜测数比目标数小，也就是用户输入'2'之后，low 应该更新为 m+1。

"low = m+1 才能避免我们遇到的这种情况。如果反过来，则 high 应该更新为 m−1（high = m −1）。

"但是这两个地方，我写成 low = m 和 high = m 了。"

小 D："你再查看一下原本的二分查找代码，看看是怎么样的？"

小 A："在二分查找样例代码中，对应位置原本就是 low = m +1 和 high = m −1，是我自己重新实现算法的时候把这个小细节弄错了。"

小 D："发现算法的精妙之处了吧，关键之处就这么一点点不一样，就可能导致整个程序的失败！"

小 A："是啊，算法真是精确得像钟表一样，能改的地方，大改都没有问题，不能改的地方，错改一点点都不能正常运行。"

于是，小 A 重写了代码。

代码 11-7

```python
low = 1
high = 1000
loop_num = 0
while low <= high:
    m = int((high - low) / 2) + low
    loop_num += 1
    print("[Loop %s]: My guess is %s, low is %s, and high is %s" % (loop_num, m, low, high))
    user_input = ""
    while user_input != '1' and user_input != '2' and user_input != '3' :
        print("\t\t1) %s == sn \n\
2) %s < sn.\n\
3) %s > sn." % (m, m, m))
        user_input = input("Your option:")
        user_input = user_input.strip()
    if user_input == '1':
        print("Succeeded! SN is: ", m)
        break
    else:
        if user_input == '2':
            low = m + 1
        else:
            high = m - 1
if low > high:
    print("Failed! Cannot got your secret number. Make sure it in range of [1, 1000].")
```

这次可以正确地找到 1000 了。

不仅如此，就算第 10 轮继续输入 "2" 或 "3"，循环也可以自动停止（因为达到了 low > high 的条件），而不会像之前那样无限循环下去。

11.5 和Bug斗智斗勇

我们要认识到 Bug 的危害性，因为在编程过程中难免要和它斗智斗勇。

11.5.1 Bug 的严重性

猜数游戏中的 Bug 最多是让使用者输掉一个小游戏，实在是无足轻重。但是，如果那些和我们的生活确实相关的软件中出现 Bug，后果可能会很严重。

例如，银行计算利息的程序出现 Bug 会导致利息计算错误；通信软件 Bug 会导致经常丢失一些用户之间互发的消息；等等。如果发生，都会对我们的日常生活造成影响。

如果 Bug 出现在关乎国计民生的软件中，那么造成的损失可能会无法估计。如果航天飞机或导弹的控制软件出现 Bug 会怎么样？

事实上，这类 Bug 确实出现过。

案例 1：1996 年 6 月 4 日，美国阿丽亚娜 5 型火箭首次发射点火后即偏离路线，在短短 30s 后被逼引爆自毁（见图 11-3）。

图 11-3

耗费 4 亿美元研发的新一代火箭，在启动 30s 后变成了一个巨大的烟花。之所以造成这个巨大损失，竟然是因为一个小小的数据溢出。

阿丽亚娜 4 型火箭系统采用 16 位的整型值作为变量（16 位的变量可以表示 [-32768, 32767] 的值），用来表示火箭水平速率的测量值。因为在阿丽亚娜 4 型系统中反复验证过火箭的水平速度不会超过 16 位的限制，所以阿丽亚娜 5 型火箭的开发人员简单复制了这部分程序，而没有对新火箭进行数值的验证，结果发生了致命的数据溢出，导致整个控制系统发生瘫痪，火箭不得不选择自毁。

案例 2：比空耗人力、财力和时间更可怕的就是人员伤亡。1991 年 2 月，在第一次海湾战争中，伊拉克发射的一枚飞毛腿导弹准确地击中了美国在沙特阿拉伯的宰赫兰基地，当场的伤亡人数超过 100。

宰赫兰基地原本是配备了爱国者反导弹系统的，本应在空中拦截飞毛腿，但是偏偏在飞毛腿来临的时候，反导弹系统失效。

经调查发现，爱国者反导弹系统失效的原因竟然是一个简单的软件 Bug：爱国者反导弹系统的时钟寄存器设计为 24 位，因此时间的精度也只限于 24 位。

然而，该系统每工作 1 个小时，系统内时钟就会有一个微小的毫秒级延迟。到悲剧发生时，系统已经连续工作了 100 多个小时，系统时间累计延迟 1/3s。

飞毛腿导弹空速为 4.2 马赫，0.33s 的时间计算误差导致了大约 600m 的距离计算误差。最终，宰赫兰基地的雷达虽然发现了飞来的飞毛腿，但因为距离的计算误差而没有能够准确定位，所以基地的反导弹装置根本就没有发射。

除此之外，还有软件 Bug 导致大规模停电、股票交易／长途电话业务短时崩溃、医疗设备运行错误致患者死亡等种种恶果，都直接影响到人们的生活。

11.5.2　产生 Bug 的原因

既然危害如此之大，那么是否有办法避免在软件中出现 Bug 呢？

Bug 就像疾病一样，要预防必须先搞清楚病因。

Bug 产生的原因不一而足，但总体而言，Bug 的出现大致可以归因于两个层面的错误：实现错误和设计错误。

实现错误

我们之前遇到的猜数字程序 Bug，以及阿丽亚娜 5 型火箭的错误都属于实现错误。

这类 Bug 是说，软件（程序）在设计层面是没有问题的，但是在具体写成代码的时候出现错误。

就好像一栋房子的设计图纸是没问题的，但是在真正施工的时候，砌墙的师傅可能码错了砖。

设计错误

设计错误是指在设计上出错，如宰赫兰基地的悲剧。

阿丽亚娜 5 型火箭的 Bug 是对数据类型的容量选择不当，这是执行层面的问题。毕竟，数据类型有长度限制是常识，确定当前的这个长度界限是否够用原本应该是编程人员的责任，但是他们忽略了。

而对于反导弹系统而言，单位工作时间会产生一定长度（虽然极其小）的时延，随着系统工作时间的增加，延迟必然会累计。

作为设计者应该考虑到这个问题，并且应该在累计大到能够产生影响前就进行专门的操作，从而对延迟进行处理。

但是，整个软件从头到尾根本没有这样的设置，这不是简单的编码（Coding）本身的问题，而是这个系统工作流程设计的问题。

这类问题的产生，往往是因为对于程序要处理的问题、要执行的任务理解不够，导致程序的业务逻辑不严密或与实际不相符而造成的。

11.5.3　防止 Bug 产生危害的方法

目前，防止 Bug 产生危害的方法大致分为 3 个层面：

代码层（静态）

简单来说，就是在代码编写完成后，通过对静态程序的阅读和逻辑推演，来判断代码对目标功能的实现程度并争取发现 Bug。

对应于这一层面的具体方法叫作**代码评审**（Code Review）。

很多软件/互联网公司都规定某个程序员编写完代码后，必须经由其他一个或多个程序员评审，评审者认为可以接受后，再继续下面的工作，否则程序的开发者就要根据评审者的意见修改代码。

当然，提前发现 Bug 并不是代码评审唯一的目的。从实际效果来看，这样对着静态代码用人脑模拟计算机执行来试图发现错误不是一件容易的事情。在现实中，更多的 Bug 是在动态代码中发现的。

运行层（动态）

运行层通过实际运行代码，并为程序提供多种多样的输入，验证输出是否符合预期，从而确认程序的正确性和有效性。

对应于这一层面的具体方法叫作**软件测试**（Software Test）。

例如，我们发现猜数游戏 Bug 的方法就是软件测试：自己心里想一个数字，然后通过运行猜数程序看它能否猜到。

软件测试是一个专门的领域：

- 测试的方法根据测试者是否了解程序逐步执行过程，可以分为黑盒测试和白盒测试。
- 测试的类型有功能测试、性能测试和压力测试等。
- 测试的执行方式可以是手动测试（人工运行待测程序，输入数据并核对输出），也可以是以程序测程序的自动化测试。
- ……

任何一个编写程序的人必须具备测试自己的程序的能力。任何一个程序在编写完成之后都需要测试。

在现实中，虽然许多公司都会配备专职的软件测试人员（他们不负责编写程序，仅负责在开发人员编写完程序之后对其进行测试，发现 Bug 后再通知开发人员修改），但是任何一个编写程序的开发人员都有义务保证自己编写的代码的质量。

测试人员应该是开发人员的监督者，而不是帮助后者确认程序最基本功能的保姆。

开发层

也就是说，跳出程序之外，从人员配置、流程安排等角度降低 Bug 发生的概率。

这方面的方法很多。例如，测试驱动开发（Test Driven Development，TDD）就是先编写测试程序，然后编写实际的程序。

又如，结对编程(Pair Programming)简单来说就是两个人共同编写同一份代码，一个人写，另一个人看；编写的人要不断解释自己为什么这么写，而看的人则要边看边评审，随时发现问题，并提出意见和建议（如图 11-4 所示）。

图 11-4

第12章 二分查找的变形

前面介绍了经典的二分查找,下面介绍二分查找的几个变形。

12.1 二分查找变形记:重复数列二分查找

在前面的二分查找代码示例中,待查数列中的每个数字都只出现了一次。如果数列中可以包含重复的元素,是否能得出正确结果?

12.1.1 包含重复元素数列的二分查找

例如,将待查数列改成 arr = [3, 5, 5, 5, 5, 9, 7, 12, 15, 18, 32, 66, 78, 94, 103, 269]。其中,"5" 重复了 4 次,然后运行代码。

代码 12-1

```python
arr = [3, 5, 5, 5, 5, 9, 7, 12, 15, 18, 32, 66, 78, 94, 103, 269]
tn = 5
result = binary_search(arr, tn)
if result >= 0:
    print("Succeeded! The target index is: ", result)
else:
    print("Search failed.")
```

输出结果如下。

Succeeded! The target index is: 3

下标为 3 的元素是数列第四个元素,确实是 5。

如果我们的目的仅仅是找到数列中任何一个和目标数一样的元素就可以，那么在查找包含重复元素的数列时，用标准二分查找算法即可。

12.1.2　包含重复元素数列的二分查找的变形

查找重复数字串的"头"或"尾"

如果我们的算法有要求，一定要找到数列中的第一个或最后一个和目标数相同的元素，应该如何操作？

例如，必须在 [3, 5, 5, 5, 5, 9, 7, 12, 15, 18, 32, 66, 78, 94, 103, 269] 中找到第一个值为 5 的元素的位置下标。

那么前面介绍的标准二分查找（又称经典二分查找）的代码无法达到目的。由 12.1.1 节可知，标准二分查找处理上面数列的结果下标是 3，而我们要得到的应该是 1。

我们先从最直观的角度来看：用于二分查找的数列都是有序的，同一数值的重复元素一定是"挨在一起"的。如果我们找到了这一群同值元素中的一个，再看它前面位置的元素是否和它一样，如果不一样，它就是第一个，否则就往前挪一位，再和前一个相比，如此迭代，直到前一个元素和目标数不相等为止。这是一个循环结构，其流程图如图 12-1 所示。

如此简单的结构放在经典二分算法的 arr[m] == tn 选择分支的"是"分支上，可以用如下代码实现。

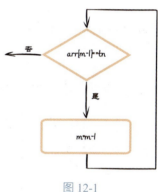

图 12-1

代码 12-2

```
while arr[m - 1] == tn:
    m = m - 1
```

这是要找相同元素中位置最靠前的那个，如果要找位置最靠后的元素应该如何操作？

这个操作很简单，就是把上面过程中的"与前一个元素相比"改成"与后一个元素相比"，把"往前挪"改成"往后挪"即可。

代码 12-3

```
while arr[m + 1] == tn:
    m = m + 1
```

既然"往前挪"和"往后挪"就是减 1 与加 1 的区别，那么我们可以再设一个变量 delta，它的值是 −1 就"往前挪"，是 +1 就"往后挪"。

代码 12-4

```
delta = -1
while arr[m + delta] == tn:
    m = m + delta
```

流程图

把上面的代码整合起来,就是如图 12-2 所示的流程图。

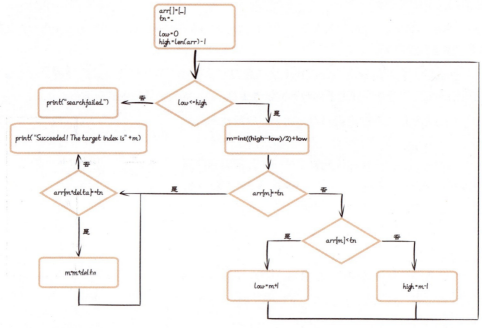

图 12-2

(含)重复数字数列二次查找函数

对应图 12-2,我们来定义一个函数,叫作 repeating_sequence_binary_search(),该函数有 3 个参数,全部代码如下。

代码 12-5

```
def repeating_sequence_binary_search(arr, tn, delta):
    low = 0
    high = len(arr) - 1
    while low <= high:
        m = int((high - low) / 2) + low
        if arr[m] == tn:
```

```
            while arr[m + delta] == tn:
                m += delta   # m = m + delta的另一种写法
            return m
        else:
            if arr[m] < tn:
                low = m + 1
            else:
                high = m - 1
    if low > high:
        return -1
```

我们同样把它放在 SearchAlgorithms.py 文件中，然后进行调用。

代码 12-6

```
arr = [3, 3, 3, 5, 5, 5, 5, 9, 7, 12, 15, 15, 18, 32, 66, 78, 94, 103, 269, 269]
tn = 5
result = repeating_sequence_binary_search(arr, tn, -1)
if result >= 0:
    print("Succeeded! The target index is: ", result)
else:
    print("Search failed.")
```

输出结果如下：

Succeeded! The target index is: 3

将 delta 从 -1 改成 1，再运行。

代码 12-7

```
result = repeating_sequence_binary_search(arr, tn, 1)
```

输出结果如下：

Succeeded! The target index is: 6

Bug Fix（故障修理）

再换几个 tn 和 delta 值进行尝试，如 tn = 269，delta=1，此时再运行就会出现问题。

while (arr[m + delta] == tn):
IndexError: list index out of range

程序的报错信息可以翻译成"列表下标超出了范围"，这是怎么回事？

根据错误提示，出错的代码是 "while (arr[m + delta] == tn):"

在这一行代码中有一个列表 arr，它的下标是 m+delta，这个错误是 m+delta 超出了边界。

在大多数编程语言中，一个数组的下标的允许取值范围为 0~len(arr)−1，超出这个范围肯定是不行的。

> 小贴士：在 Python 中，arr[-1] 有一个特殊的含义，用来特指整个列表的最后一个元素。因此，对于 Python 的列表而言，有效下标是 −1~len(arr)−1。

但是，在下面的代码中，我们已经用 len(arr)−1 来指代最后一个元素，因此起始下标为 0。对我们的算法而言，下标 −1 是非法的。

出错位置的列表变量 arr 的下标是 m+delta。其中，delta 的值是 1，并且是我们输入的，那么 m 是多少？

此处，我们可以用打印的办法把 m 值打印出来，再通过运行来看。也可以推测 m 在二分查找中允许的取值是什么。

根据算法逻辑可知，m 是 low 和 high 的平均值的下取整，而 low 和 high 已经通过算法本身被保证取值范围为 0~len(arr) −1。

因此，m 的取值最小是 0，m+delta 的最小值则是 0+1=1。我们的 arr 长度远超过 1，所以 1 肯定没有超出范围。

m 的最大值是 len(arr)−1，则 m + delta 的最大值是 len(arr)−1+1=len(arr)。而 len(arr) 不属于列表变量 arr 下标取值的有效范围，所以这里就会超出取值范围。

因此，我们应该专门判断 m+delta 的取值，整个程序可以改成如下形式。

代码 12-8

```python
def repeating_sequence_binary_search(arr, tn, delta):
    low = 0
    high = len(arr) - 1
    while low <= high:
        m = int((high - low) / 2) + low

        if arr[m] == tn:
            while 0 <= m + delta < len(arr) and arr[m + delta] == tn:
                m += delta    # m = m + delta的另一种写法
            return m
        else:
            if arr[m] < tn:
                low = m + 1
            else:
                high = m - 1

    if low > high:
        return -1
```

然后调用该函数，代码如下。

代码 12-9

```
    arr = [3, 3, 3, 5, 5, 5, 5, 9, 7, 12, 15, 15, 18, 32, 66, 78, 94, 103, 269, 269]
    tn = 269
    result = repeating_sequence_binary_search(arr, tn, 1)
    if result >= 0:
        print("Succeeded! The target index is: ", result)
    else:
        print("Search failed.")
```

再测试 tn=269 和 delta=1 的情况，输出结果如下：
`Succeeded! The target index is: 19`

12.2　让变形更高效：与经典二分查找相同的时间复杂度

下面继续介绍二分查找的变形。

12.2.1　包含重复元素数列的二分查找的时间复杂度

代码修改影响了时间复杂度

前面介绍了新的处理包含重复元素数列的二分查找的 repeating_sequence_binary_search() 函数。

从功能上来看，重复元素查找的问题已经得到解决。

但是需要注意的是，这个 repeating_sequence_binary_search() 函数（代码 12-8）的时间复杂度是多少呢？

经典二分查找的时间复杂度是 $O(\log(n))$，但并不是所有的二分查找的时间复杂度都是 $O(\log(n))$。

现在我们的算法已经做了修改——加了一段"挨个找"的代码，具体如下。

代码 12-10

```
while 0 <= m + delta < len(arr) and arr[m + delta] == tn:
    m += delta
```

加进去的这段代码自身的时间复杂度是 $O(n)$。

新代码的时间复杂度

因为新加进去的代码的功能是沿着数列顺序前行（或后退），直到找到重复数列的头（或尾）为止，完全不能跳跃，这一点和顺序查找是一样的。因此，它的时间复杂度和顺序查找一样，都是 $O(n)$。

有的读者认为，顺序查找是从头到尾搜索整个数列，代码 12-10 就往前或往后三四步而已，为什么是 $O(n)$ 呢？

看起来代码 12-10 只走三四步是因为我们的例子中总共重复的元素一共就占 4 个位置。如果一个数列从头到尾都是一个数字，而这个数字又恰恰等于目标数，是不是要沿着数列走一半的路？

有的读者认为走一半的路是 $\frac{n}{2}$，为什么是 $O(n)$ 呢？

我们之前讲过大 O 操作符的意思就是取主要矛盾，所有的常数系数都是可以忽略的次要矛盾，所以就算是最多走 $\frac{n}{2}$ 步，时间复杂度也是 $O(n)$。

12.2.2　时间复杂度的计算

顺序前推（后退）的时间复杂度

在现实生活中处理的问题时，确实会遇到只重复三五步的情况。但考虑算法的性能时，我们不是按照它所处理问题在现实当中遇到的情况来考虑的。

按复杂度计算算法的时间，要对算法能够解决的所有情况按照完全平等的方式做整体衡量。

代码 12-8 所涉及的内部顺序移动的次数有 $\frac{n}{2}+1$ 种可能性，分别是移动 0 次，1 次，2 次，…，$\frac{n}{2}$ 次。

因此，这段代码对应的平均移动次数为 $\dfrac{0+1+2+\cdots+\frac{n}{2}}{\frac{n}{2}+1}=\dfrac{n}{4}$ 次。

其中，常数系数（$\frac{1}{4}$）为次要条件，可以忽略。因此，平均移动次数对应的量级为 $O(n)$。

两个循环

需要注意的是，目前的 repeating_sequence_binary_search() 函数中包含不止一个循环，而是两个（见图 12-3）。

代码 12-10 对应的是图 12-3 中左侧灰圈内的循环，它的时间复杂度是 $O(n)$。

图 12-3 中右侧灰圈内的循环是一个经典二分查找，原本的时间复杂度为 $O(\log(n))$。

下面介绍如何计算整体的时间复杂度。

如果看代码可以发现，左侧灰圈循环对应代码在右侧灰圈代码的子代码块，如图 12-4 所示。

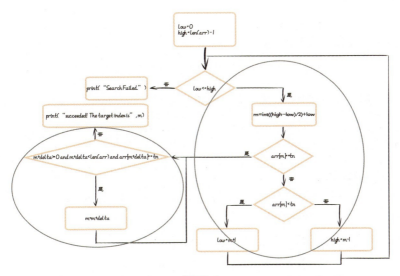

图 12-3

图 12-4

如果这两层循环是简单叠加关系，也就是说，外圈循环每执行一次，内圈循环就要执行整个执行过程，那么整体的时间复杂度是各层独立复杂度相乘的结果。

但在 repeating_sequence_binary_search() 函数中不是这样的。这两个循环看似一个包着另一个，但是只有外圈循环在 arr[m] == tn 的情况下才会进入内圈循环，这时外圈循环已经结束了。此时内圈和外圈就是一个接续累加的关系，因此时间复杂度应该是 $O(\log(n))+O(n)$。

又因为两个加数中后者的量级大于前者，本着取主要矛盾的出发点，只取后者即可，所以 repeating_sequence_binary_search() 函数的时间复杂度是 $O(n)$。

12.2.3　包含重复元素数列的二分查找的 $O(\log(n))$ 算法

算法提速

其实，在包含重复数字序列内进行查找，返回相同数字串头或尾的查找算法，也可以

维持在 $O(\log(n))$ 水平。

这次我们直接编写代码。

代码 12-11

```python
def quick_repeating_sequence_binary_search(arr, tn, delta):
    low = 0
    high = len(arr) - 1
    while low <= high:
        m = int((high - low) / 2) + low
        if arr[m] == tn:
            if 0 <= m + delta < len(arr) and arr[m + delta] == tn:
                if delta < 0:
                    high = m - 1
                else:
                    low = m + 1
            else:
                return m
        else:
            if arr[m] < tn:
                low = m + 1
            else:
                high = m - 1

    if low > high:
        return -1
```

调用上面定义的 quick_repeating_sequence_binary_search() 函数，具体示例如下。

代码 12-12

```python
arr = [3, 3, 3, 5, 5, 5, 5, 9, 7, 12, 15, 18, 32, 66, 78, 94, 103, 269]
tn = 5
result = quick_repeating_sequence_binary_search(arr, tn, -1)
if result >= 0:
    print("Succeeded! The target index is: ", result)
else:
    print("Search failed.")
```

输出结果如下：

```
Succeeded! The target index is: 3
```

从上面的结果来看，输出是正确的。

下面把 delta 从 −1 改成 1，再运行。

代码 12-13

```
result = quick_repeating_sequence_binary_search(arr, tn, 1)
```

输出结果如下：

```
Succeeded! The target index is: 6
```

这个输出结果也是正确的。

特快和普快

我们把 quick_repeating_sequence_binary_search() 函数和 repeating_sequence_binary_search() 函数进行对比，了解当前算法修改了哪一部分。

二者的差别就在"if (arr[m] == tn)："之后的部分，即代码 12-14。

代码 12-14

```
if 0 <= m + delta < len(arr) and arr[m + delta] == tn:
    if delta < 0:
        high = m - 1
    else:
        low = m + 1
else:
    return m
```

可以将这段代码的作用对应到一个数列中，如图 12-5 所示。

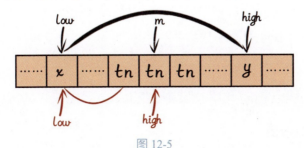

图 12-5

当前区间（黑色曲线框定区域内）的中心元素与目标数相等，并且它前面的元素与目标数也相等。这时我们不是往前平推，而是再做一轮二分，新一轮以当前位置的前一位为结尾（棕色曲线框定部分）。

如此一来，还是"跳着找"，代码 12-14 的时间复杂度仍然是 $O(\log(n))$。

quick_repeating_sequence_binary_search() 函 数 就 是 把 repeating_sequence_binary_ search() 函数中的代码 12-10 替换成代码 12-14，也就把对应的时间复杂度从 $O(n)$ 替换成 $O(\log(n))$。

假设待查数列中所有元素取值相等，并且与目标数相等。如果我们取 delta 为 −1，那么最终应该被找到的是第一个元素。quick_repeating_sequence_binary_search() 函数的整个查找过程如下：折半，取前一半；折半，取前一半；折半，取前一半……一直折到整个区域只包含一个元素（第一个元素），这恰好是一个 $O(\log(n))$ 的过程。

"往前挪"是如此，"往后挪"当然也是一样的，就是把 delta 的值从 −1 改成 1。

这一算法的整体时间复杂度为 $O(\log(n))+O(\log(n))$，仍是 $O(\log(n))$。

12.3　二分查找再变形：旋转数列二分查找

上面的算法可以查找一个正常的有序数列，但如果这个数列发生旋转，算法是否还适用？

12.3.1　有序数列的旋转

所谓有序数列的旋转，是指现在的待查数列不再是一个单纯的有序数列，而是先把它在某个位置截为两段，然后交换前后两段的顺序，形成新的数列。之后，再在这个新数列中进行查找。

例如，数列原本为 [3, 5, 9, 7, 12, 15, 18, 32, 66, 78, 94, 103, 269]，先把它截为 [3, 5, 9, 7, 12, 15, 18, 32] 和 [66, 78, 94, 103, 269]，然后把这两个子数列前后交换，重新衔接成一个新的数列，即 [66, 78, 94, 103, 269, 3, 5, 9, 7, 12, 15, 18, 32]，最后在新数列中查找目标数。

12.3.2　不包含重复元素旋转数列的二分查找

套用经典二分查找

旋转数列当然也分为包含重复元素旋转数列和不包含重复元素旋转数列，下面介绍相对简单的不包含重复元素旋转数列的查找。

不包含重复元素旋转数列的查找的基本思想与二分查找类似，整体是一个迭代算法，每次迭代都对应一个待查区间。

每次迭代所面对的待查区间实际上可能包含如图 12-6 所示的 3 种情况。

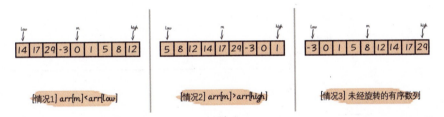

图 12-6

[情况 3] 是一个完全有序的数列,而 [情况 1] 和 [情况 2] 则是旋转有序的数列。

假设整个旋转数列是用 arr 表示的递增序列的旋转,low 和 high 用于指定其待查区域的起、止点的下标。

- 如果 arr[m] 小于 arr[low],则可以判定在 [情况 1] 中,此时的隐含条件是 arr[high] 小于 arr[low]。
- 如果 arr[m] 大于 arr[high],则可以判定在 [情况 2] 中,此时的隐含条件还是 arr[high] 小于 arr[low]。

如果在 [情况 3] 中,那么算法应该和经典二分查找完全一样。

如果在 [情况 1] 中,则满足以下几点。

- 如果 arr[m] 大于目标数,则下一次到左侧分区查找,因为所有比 arr[m] 小的数值都在 m 的左侧。
- 如果 arr[m] 小于目标数,则下一次未必向右查找。
  - 若 arr[low] 小于或等于目标数,则说明目标数在 m 的左侧。
  - 若 arr[low] 大于目标数,则确定目标数在 m 的右侧。

如果在 [情况 2] 中,则与 [情况 1] 正好相对。

- 如果 arr[m] 小于目标数,下一次一定到右侧分区查找。
- 如果 arr[m] 大于目标数,则还需要看 arr[high] 的取值。
  - 若 arr[high] 大于或等于目标数,则目标数在 m 的右侧。
  - 若 arr[high] 小于目标数,则目标数在 m 的左侧。

12.3.3 算法实现

流程图

根据上面的逻辑,我们画出的流程图如图 12-7 所示。

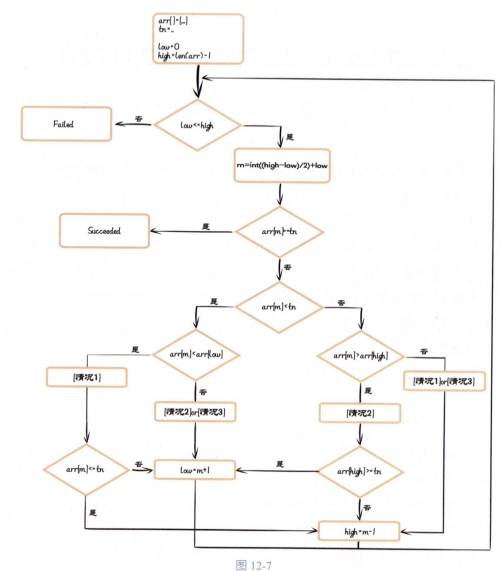

图 12-7

对照流程图编写代码，具体如下。

代码 12-15

```
def binary_search_in_rotated_sequence(arr, tn):
    low = 0
    high = len(arr)-1
    while low <= high :
        m = int((high - low)/2) + low
        if arr[m] == tn:
```

```
                return m
        else:
            if arr[m] < tn:
                if arr[m] <arr[low]:
                    if arr[low] <= tn:
                        high = m - 1
                    else:
                        low = m + 1
                else:
                    low = m + 1
            else:   # arr[m] > tn
                if arr[m] >arr[high]:
                    if arr[high] >= tn:
                        low = m + 1
                    else:
                        high = m - 1
                else:
                    high = m - 1
    if low > high:
        return -1
```

上述代码是否正确？下面进行测试。

代码 12-16

```
arr = []
for i in range(11, 21):
    arr.append(i)
for i in range(1, 11):
    arr.append(i)
tnList = [1, 2, 7, 10, 11, 15, 20]
for tn in tnList:
    r = binary_search_in_rotated_sequence(arr, tn)
    if r == -1:
        print("Failed to search", tn)
    else:
        print(tn, "is found in position", r)
```

运行测试程序，输出结果如下：

```
1 is found in position 10
2 is found in position 11
7 is found in position 16
10 is found in position 19
11 is found in position 0
```

```
15 is found in position 4
20 is found in position 9
```

由此可知，编写的代码是正确的。

如果还不能确定其是否正确，读者可以采用前面介绍的几种发现 Bug 的方法，如代码评审和软件测试等，也采用多种方法进行验证。

12.3.4 代码优化

虽然这个算法直接这样编写并没有什么问题，但是其中的条件判断逻辑其实是可以合并的，合并后的代码如下。

代码 12-17

```python
def binary_search_in_rotated_sequence(arr, tn):
    low = 0
    high = len(arr) - 1
    while low <= high :
        m = int((high - low)/2) + low
        if arr[m] == tn:
            return m
        else:
            if arr[m] < tn:
                if arr[m] < arr[low] <= tn:
                    high = m - 1
                else:
                    low = m + 1
            else:
                if arr[m] > arr[high] >= tn:
                    low = m + 1
                else:
                    high = m - 1
    if low > high:
        return -1
```

12.4 包含重复元素旋转数列的二分查找

结合经典二分查找和包含重复元素数列二分查找

对于包含重复元素的旋转数列，我们需要联合运用前面介绍的经典二分查找和包含重复元素数列的二分查找。

我们可以用参数 delta 来控制包含重复元素数列中的搜索方向。delta 的值是 −1 就往前找，搜索与目标数相等但最靠前的那个元素；delta 的值是 +1 就往后找，找到最靠后的等于目标数的元素。

这个算法的代码如下。

代码 12-18

```python
def binary_search_in_rotated_repeating_sequence(arr, tn, delta):
    low = 0
    high = len(arr) - 1
    if delta < 0 and arr[0] == tn:
        return 0
    if delta > 0 and arr[len(arr) -1] == tn:
        return len(arr) -1
    while low <= high :
        m = int((high - low)/2) + low
        if arr[m] == tn:
            if 0 <= m + delta < len(arr) and arr[m + delta] == tn:
                if delta < 0:
                    high = m - 1
                else:
                    low = m + 1
            else:
                return m
        else:
            if arr[m] < tn:
                if arr[m] < arr[low] <= tn:
                    high = m - 1
                else:
                    low = m + 1
            else:
                if arr[m] > arr[high] >= tn:
                    low = m + 1
                else:
                    high = m - 1
    if low > high:
        return -1
```

其实，就是在之前 binary_search_in_rotated_sequence() 函数的基础上加入 arr[m] 与目标数相等时前后的判断。

小贴士：除了常规操作，对头元素和尾元素需要特殊处理，由于旋转的缘故，头元素和尾元素的数值可能是一样的。

例如，假设序列为 [10, 11, 11, 12, 12, 13, 13, 14, 14, 15, 15, 16, 16, 17, 17, 18, 18, 19, 19, 20, 20, 1, 1, 2, 2, 3, 3, 4, 4, 5, 5, 6, 6, 7, 7, 8, 8, 9, 9, 10, 10]，如果目标数正好是 10，这时 delta 是 −1 还是 1，差别就会很大。

相应地，测试代码也可以稍微改动。

代码 12-19

```
arr = [10]
for i in range(11, 21):
    arr.append(i)
    arr.append(i)
for i in range(1, 11):
    arr.append(i)
    arr.append(i)
tnList = [1, 2, 7, 10, 11, 15, 20]
for tn in tnList:
    r = binary_search_in_rotated_repeating_sequence(arr, tn, -1)
    if r == -1:
        print("Failed to search", tn)
    else:
        print(tn, "is found in position", r)
```

输出结果如下：

```
1 is found in position 21
2 is found in position 23
7 is found in position 33
10 is found in position 0
11 is found in position 1
15 is found in position 9
20 is found in position 19
```

将调用改成 r = binary_search_in_rotated_repeating_sequence(arr, tn, 1)。

输出结果如下：

```
1 is found in position 22
2 is found in position 24
7 is found in position 34
10 is found in position 40
11 is found in position 2
15 is found in position 10
20 is found in position 20
```

再换几组测试数列进行试验，代码如下。

代码 12-20

```
arrList = [[2,1,1,1,1], [1], [2,1,2,2,2,2,2], [5,6,1,2,3,4], [1,2,1,1,1,1],[1,2,2,3,3,3,4,5,6,6,7,1]]
tn = 1
for arr in arrList:
    r = binary_search_in_rotated_repeating_sequence(arr, tn, -1)
    if r == -1:
        print("Failed to search", tn)
    else:
        print(tn, "is found in position", r)
```

输出结果如下：

1 is found in position 1
1 is found in position 1
1 is found in position 0
1 is found in position 1
1 is found in position 2
1 is found in position 0
1 is found in position 0

调用时将 delta 改为 1 后，输出结果如下：

1 is found in position 4
1 is found in position 0
1 is found in position 1
1 is found in position 2
1 is found in position 5
1 is found in position 11

测试结果确实是正确的。

思考题

本章的 binary_search_in_rotated_sequence 函数() 和 binary_search_in_rotated_repeating_sequence() 函数的时间复杂度分别是多少？为什么？

第 13 章

认识排序算法

前面介绍了查找算法,现在开始介绍排序算法。

13.1 处处可见的排行榜

从本章起,我们要接触一类新的算法:排序(Sorting)。

13.1.1 什么是排序

排序完全可以按照字面意义来理解,也就是排列顺序(例如图 13-1)。

排序算法做的事情,其实就是将一串数据按照某种特定的方式进行排列。

排序算法接收的输入是一个数据列表(此处的列表并不是 Python 中的列表数据类型,而是指一系列虽然"连在一起",但前后之间并没有顺序关系的元素);输出的是一个序列,与输入对应的元素集合是一样的,但经历了排列的过程,所以拥有顺序。此处有两个要点:

- 排序算法的输出是输入的一种排列或重组。
- 排序算法的输出按照递增(或递减)的顺序进行排列,排列结果为升序(或降序)序列。

小贴士:无论是升序还是降序,排序算法其实是一致的,只不过是把较大的元素放后面还是把较小的元素放后面的区别而已。此后在本书中如果没有特殊说明,我们所说的排序都是指升序。

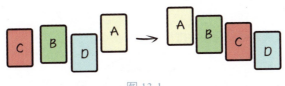

图 13-1

13.1.2 排序算法的江湖地位

排序算法在所有计算机算法，乃至在整个计算机领域中，都占据着非常重要的地位。基础算法是软件的核心，而查找算法和排序算法则是计算机基础算法的核心。

从计算机出现开始，排序问题就被大量研究。早在 1956 年，冒泡排序就已经被纳入研究领域。

经过几十年的发展，即使如今大部分人认为排序是一个已解决的问题，无须进一步投入研究，仍然有新的排序算法被发明出来，如 Timsort 排序和图书馆排序等。

排序算法之所以非常重要，是因为它在现实中的应用非常广泛。

13.1.3 无处不在的排行榜

排序是一个操作过程，而这个过程的结果叫作排名（Ranking）。有些时候，排名又会被称为排行榜。

显性排行榜

排行榜在日常生活中无处不在，例如图 13-2 所示的几个示例：

- 集体行动时按身高排队。
- 考试成绩排名。
- 展示富豪财富的福布斯排行榜。
- 综述高校实力的大学排行榜。
- ……

图 13-2

这些只是显性排行榜，其实还有许多隐性排序过程及结果每天都在影响我们的生活。

隐性排行榜

图 13-3 所示的经典问题就是隐性排行榜。

图 13-3

从表面上来看,"吃什么?"这好像只是一个口味好恶的问题,但实际上是一个排序问题。

临近午饭时间,在写字楼工作的小白开始考虑"今天中午吃什么"。这时,影响小白做决策的因素包括食物种类(米饭和炒菜、饺子、米粉、三明治、火锅、牛肉丸……)、可得性(公司食堂、周围餐厅、外卖……)及其他因素(天气如何?是否适合外出?身体的慵懒程度……)

小白做决定的过程其实是他的大脑运行了一个排序算法的过程:先对头脑中预置的就餐候选列表中的个体做一轮综合打分,然后进行排序,得到排序的结果,最后选取其中的最高分解决午饭问题。

如果要和同事一起进餐,可能还要把各自的排序结果再做一次归并排序(Merge Sorting),然后选择双方都可以接受的名列前茅的候选就餐地。

我们日常用的搜索引擎(见图 13-4),看起来是在做查找的工作——找到和输入相关的在线资料。

图 13-4

实际上，这也是一项排序工作。

首先，搜索引擎将用户输入的搜索语句与自己从网络中获取的千百万份数字文档进行比较，确定搜索语句与各个文档数据的相关性（Relevance，通常这个相关性用一个分数来表示）。

其次，将这些文档相关性分数进行顺序排列（见图13-5）。

最后，将相关性最高的若干文档显示给用户。

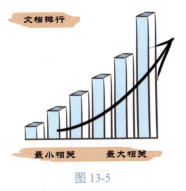

图 13-5

当然，实际运行中除了相关性还会考虑一些其他因素（如文档及其来源的质量等），但相关性肯定是核心因素。

13.2 排序算法的分类

排序算法有很多种，根据不同的出发点可以划分为不同的类型。

13.2.1 排序算法的分类方式

从不同的角度，可以对各种排序算法进行不同标准的分类：
- 按照算法的时间复杂度进行分类。
- 按照空间复杂度（内存使用量）进行分类。
- 按照实现排序的方式（插入、交换、选择、合并等）进行分类。

上述这些分类方法都有用得到的地方。但是，以学习算法为出发点我们先把关注点放在排序过程的操作上。

按照操作方法，排序可以分为比较排序和非比较排序。

13.2.2 比较排序

比较排序（Comparison Sorting）是指通过比较操作来确定两个元素中哪个应该放在

序列中相对靠前的位置。

在比较排序中，数据之间根据特定的原则进行**比较**，**任意两个数据相比只能是大于、等于、小于这 3 种结果的其中一种**，然后根据比较结果确定两者的相对位置。

比较排序要求被排序的数据具备如下两个性质：

- 传递性：如果 $a \leqslant b$ 且 $b \leqslant c$，则必有 $a \leqslant c$。
- 完全性：对于任意两个元素 a 和 b，要么 $a \leqslant b$，要么 $a \geqslant b$，没有第三种情况。

拥有这两个性质的集合叫作**全序数据集合**，简称**全序集**。整数集合就是一个全序集。

13.2.3　比较排序的局限和优势

比较排序的局限

全序集的模糊代数结构决定了，每次对其中的元素进行比较操作所获得的信息都是有限的。而这种信息获得的有限性导致了比较排序性能上的根本限制——在最差的情况下，任何一种比较排序的时间复杂度都至少是 $O(n\log(n))$。

而与比较排序相对应的非比较排序（具体包括基数排序、计数排序、桶排序等）的时间复杂度可能会达到 $O(n)$。可以说，非比较排序在某些情况下更具有性能优势。

比较排序的优势

- 比较排序可以控制比较原则，因此可以对任何类型的数据进行排序。

数据比较原则多种多样，其中有一些是约定俗成的，如对数字排序时按照数值大小，以及对文字(词、短语等)进行排序时按照字典顺序等。掌握这样的原则无须额外的学习成本。

- 比较排序可以更好地控制如何排序。

例如，将更大的数据放在后面是升序排列，将更小的放在后面是降序排列。

- 对数据进行比较与现实中的许多问题契合。

在大多数情况下，当我们对现实事物进行排序的时候，原本就已经对它们区分高下了，将这种高下之分直接转换为比较原则是顺理成章的。

另外，非比较排序的使用限制比较多，适用范围相对较窄。因此，比较排序是排序的主流。

小贴士：本书中我们讲的所有排序算法都是比较排序。在没有特殊说明的情况下，下面提到的"排序"就是指"比较排序"。

13.3 排序算法的基本操作：两两交换数组中的元素

虽然查找算法和排序算法有很多相似之处，但它们的不同也非常明显。这使行排序算法需要一个查找算法中未出现过的操作：交换元素。

13.3.1 查找算法和排序算法

比较查找算法与排序算法

查找算法和排序算法从功能到使用目的都大有不同，但是将排序算法和查找算法进行比较还可以发现二者不乏相同之处（如表 13-1 所示）。

表 13-1

项　　目	查找算法	排序算法
输入	数据列表或数据序列；目标数据	数据列表
输出	数据列表或数据序列中与目标数相等的元素所在的位置	排好序的数据序列
对序列中元素的基本操作	比大小；确定下一个要比大小的元素的位置	比大小；找到元素的正确位置；将元素置于正确位置
对原有数据序列的操作	只读取	读取 + 写入

查找算法和排序算法的相同之处

- 虽然查找算法和排序算法有许多不同之处，但无论是查找算法还是排序算法，都有"比大小"（比较，图 13-6 所示也在进行比较）这个步骤。

图 13-6

- 排序原本就是按照元素比较的结果来决定相对位置的。
- 查找也要通过比较才能知道是否相等。
- 从数据层面来看，排序算法和查找算法都是对序列的操作，数组数据结构在这两种算法中都适用。

查找算法和排序算法的不同之处

虽然查找算法和排序算法都可以采用（逻辑上的）数组这种数据结构，但是对于同样数据结构中数据的操作，两者具有明显的不同之处：

- 查找算法。在查找算法中，所有的待查元素都放在一个数组中，对这个数组的操作仅限于**读取**，只要知道这个数组中元素的值就可以，不会修改这些值。

  查找算法完毕之后，无论是否找到目标数，原本的待查数组和算法开始前一样，没有任何**改变**。

- 排序算法。与查找算法不同，我们运用排序算法的目的就是让原本无序的若干元素变得有序。因此，排序算法肯定要改变原本待排序数组中元素的位置，使一开始无序的数列变得有序。对应地，对数组中数据的操作除了读取还有写入。

13.3.2　两两交换数组中的元素

一个排序算法的基本操作

在具体介绍排序算法之前，我们可以先笼统地思考一下使一个元素无序的数组变得有序的过程。

前面介绍数组的时候曾经把数组比喻为一排盒子，而把元素比喻为放在盒子中的东西。假设待排序数组就是一排固定鸡蛋的包装盒，而其中的数值元素是这个盒子中的鸡蛋。

现在我们拿到了一盒鸡蛋，要把里面的鸡蛋排列成一种新的顺序。在这种情况下，我们应该如何做？

我们可以有如下几种不同的做法：

【做法1】另外找一个空盒子，把现在盒子中的鸡蛋取出来，按照预定顺序放在新盒子中。

【做法2】不用任何新盒子，把原来盒子中的鸡蛋全部取出，然后放在旁边的空地上，再按照预定顺序放在原来的盒子中。

【做法3】不用任何新盒子，也不把所有鸡蛋都取出，每次只进行两个鸡蛋的互换。拿出去一个鸡蛋（鸡蛋A），这样就腾出了一个"空位"，然后把按照预定顺序应该位于这个空位上的鸡蛋（鸡蛋B）放进去。再把鸡蛋A放到鸡蛋B空出来的位置上，这样不停地交换，直到所有鸡蛋都按预定顺序排好位置。

将这3种做法进行比较，可以肯定的是，前两种做法比第三种做法需要更多的额外空间。

前两种做法都需要和整个原本待排序数组一样大的额外存储空间，第二种做法虽然不"占盒子"，但是"占地方"。而第三种做法仅需要和一个元素（鸡蛋）同样大的额外存储空间。

也就是说，前两种做法的空间复杂度是 $O(n)$，而第三种做法的空间复杂度是 $O(1)$。

虽然目前我们更看重时间复杂度，但空间复杂度始终是我们考虑算法时的关注点。更何况，前两种做法在多占空间的同时并不能比第三种做法更节约时间。

因此，本书以后要讲的几个排序算法都会用到第三种归置元素的方法。

这也是两两交换元素操作对于排序算法来说非常重要的原因。

用"一只手"交换"鸡蛋"

交换一个数组中的两个元素（元素 A 和元素 B）的步骤如下。

（1）把元素 A 放在一个临时存储空间中。

（2）把元素 B 放在原来元素 A 所在的位置。

（3）把元素 A 放在原来元素 B 所在的位置。

有的读者认为，换两个鸡蛋的操作与把大象放进冰箱一样麻烦，还要分三步。

完全可以左手直接从盒子中取一个鸡蛋，右手再取一个鸡蛋，两手在空中进行交换。这样，只要一步就可以把两个鸡蛋进行交换。

如果您是在家里整理鸡蛋，当然可以这样交换。这是因为人有两只手。但是如果是在数组中整理数据元素，那么必须按上面 3 个步骤操作。

前面提及，程序是一个指令的序列，每个指令都是一个具体的步骤，在程序内部所有指令需要一条接一条按顺序执行。

条件结构和循环结构只是把一大堆有内在规律和分支选择可能的指令用一种简化的、形式化的方式进行描述。在具体执行时，所有实际运行的指令仍然是一条一条从前到后执行的。

交换元素的 3 个步骤就是 3 个指令，需要按顺序执行。形象化的描述就是：计算机程序只有一只"手"，在某个时刻只能做一件事。

小贴士：此处需要特别说明，我们现在涉及的所有程序都是单线程程序，如果是多线程程序，同一个程序是可能并行执行多个指令序列的。

线程、单线程、多线程这些概念，以及多线程程序的实现和相应算法都属于有一定难度的内容，是本书的"超纲"部分，本节不做介绍。

读者只需要知道，本书介绍的所有程序都是单线程的，都是只有一只"手"的程序。

13.3.3　swap() 函数

既然两两交换数组中的元素非常重要，那么可以先写一个函数把这个功能封装起来。后面的代码会反复重用它。

编写一个程序/函数,需要预先确定至少两件事情:使用什么样的数据结构?算法是什么?

swap() 函数是用来处理数组中的数据的,所以我们沿用前面用来实现逻辑上数组的 Python 数据结构:列表(List)。

swap() 函数的算法就是上面的 3 个步骤。函数代码可以直接写出来。

代码 13-1

```python
def swap(arr, i, j):
    if len(arr) < 2:
        return
    if i < 0 or i >= len(arr) or j < 0 or j >= len(arr):
        return
    if i == j:
        return
    tmp = arr[i]
    arr[i] = arr[j]
    arr[j] = tmp
    return
```

swap() 函数的功能非常简单,就是交换一个列表中的两个元素。

swap() 函数的四要素如下:

- 函数名:swap,含义是交换。
- 参数:
  - 参数 arr,类型为列表,指代其中元素被交换的那个列表。
  - 参数 i 和参数 j,类型为整型,指代 arr 中互相交换元素的两个位置的下标。
- 函数体:
  - 判断 arr 中是否包含两个或两个以上元素,如果没有则不必交换。
  - 判断 i 和 j 是否是有效的下标,如果越界(小于 0,或者大于或等于 len(arr)),则不做交换。
  - 如果 i 和 j 虽然是有效下标但指向同一个位置,则不必交换。
  - 确定上面几种情况都不存在后,再交换不同位置的两个元素。具体做法就是"交换三步"(如图 13-7 所示)。

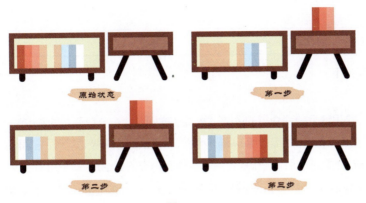

图 13-7

- 返回值：无。

因为 swap() 函数非常有用，所以我们把它专门存放在一个名为 Utilities.py 的文件中，以后有需要时可以直接引用。

13.3.4　没有返回值的 swap() 函数

读者是否发现了 swap() 函数没有返回值？

swap() 函数的调用其实和调用有返回值的函数是一样的，只不过不用再将其返回值赋给一个变量，具体如下：

swap(arr, start_position, min_position)

如此调用之后，arr 内部两个位置上的元素就已经交换。也就是说，经历了这行代码之后的 arr，已经和之前的 arr 不同。

下面用一个例子进行调用。

代码 13-2

```
arr = [3, 2, 1, 5, 8, 7, 9, 10, 13]
print(arr)
swap(arr, 0, 1)
print(arr)
```

输出结果如下：

[3, 2, 1, 5, 8, 7, 9, 10, 13]
[2, 3, 1, 5, 8, 7, 9, 10, 13]

如果把 swap() 函数的调用语句改成如下形式，输出结果会改变。

代码 13-3

```
print(swap(arr, 0, 1))
```

输出结果如下：

None

实际上，这里涉及前面介绍的函数参数传递的问题。swap() 函数的参数是一个列表，这个列表以传对象引用的方式传递给 swap() 函数，并在函数体内被"对调"了某两个元素的值，这样，在 swap() 函数结束后，那个被传给它的列表内部的值也已经改变，函数无须再返回值。

又因为函数最后一个是"return"，也就是返回了一个空值的意思，所以打印 swap() 函数返回值的输出为"None"。

第 14 章

几种简单排序算法

简单排序算法不是一个算法，而是一类，其中包含多种具备共性的排序算法。它们的共性就是简单、直接。下面介绍最具代表性的 3 种简单排序算法。

14.1 扑克牌游戏

在正式开始介绍排序算法之前，我们先做一个小游戏。

14.1.1 用扑克牌做一个小游戏

这个游戏是：排列 1~10。

以一副扑克牌为道具，取出其中某一花色（比如黑桃）的 1~10，打乱顺序，放在桌上，然后对它们进行人肉排序。

既然都知道是 1~10，那么就先找 A，再找 2，然后找 3，4，5，…，10 即可。

这样当然可以做到把同一花色牌的 1~10 排出来，我们可以先预留出 10 个"空位"，然后每捡起一张牌就将它放到对应的位置上，如先捡起黑桃 6，就放在第 6 个"空位"上，然后捡起黑桃 A，再放在第 1 个"空位"上……

如此，把 10 张牌都排好很容易，而且是有序的（如图 14-1 所示）。

图 14-1

但是,这不叫排序。

填空≠排序

为什么上述"填空"式的方法不叫排序呢?

如果随便从目前的 10 张牌中抽掉几张,那个时候我们既不知道余下的牌数是多少,也不知道其中到底少了哪些牌,我们就不能用这个方法将剩下的牌按序排列。

如果还是强行预留 10 个"空位",然后把牌填进去,最后就算被排出来的牌有序,但中间难免有"空位"(如图 14-2 所示)。

图 14-2

如果这些"空位"只是桌上的空间还好,但是当我们运用算法的时候,数据都是要用数据结构来装载的,这些空间可能会变成数组中的单元,如此会浪费空间。

不仅如此,我们在平时排序时,如果既不知道所有数据的取值范围,也不知道其中是否有重复数据,应该如何预留"空位"?

因此,这种"留好了空往里填"的方法并不是排序。

14.1.2　排序要解决的问题

排序的定义很简单,就是将一组无序的元素调整为有序的过程。但作为一种计算机算法,排序有很多隐含的限制条件。

一般而言,对于那组无序的元素,算法既可以识别其中每个元素的值,也可以对不同的元素进行比较,但是既不知道所有这些值的起止,也不知道其中是否有缺失和重复的值。

但凡称得上是"算法"的方法,必然要满足以下几点:

- 能够保证得出正确的结果。

- 过程中不接受异常。
- 要尽量节约空间和时间。

在这种条件限制之下,很多想当然的想法(如上面提到的"填空法")就完全不能成立。

在学习具体的排序算法时,希望读者能时常回顾排序的隐含限制,并与所学习的排序算法进行比较。

14.1.3 基于直觉的排序算法

如果一个人拿到了一串数字,他在没有学习过任何排序算法的时候会如何排序呢?

一个人类学试验

关于这个问题,笔者曾经做过一个人类学小试验。

试验对象是一个 3.5 岁,并且认识 10 以内的阿拉伯数字的小朋友。

试验过程如下。

第 1 步:笔者找了一副扑克牌,从其中选出黑桃 2、3、5、6、7、9、10。

第 2 步:将这 7 张牌散乱地放在桌上,然后告诉小朋友"把这些牌从小到大排列好"。

第 3 步:笔者退到一旁观察小朋友的举动。结果发现,小朋友逡巡了一圈,拿起黑桃 2;之后嘀嘀咕咕不知念叨着什么,又扒拉了一圈牌,拿起了黑桃 3;之后是 5,6……

试验发现:试验对象(小朋友)所采用的方法是每次找到现在还没有排序的所有牌中最小的那一张。其实,这就是简单排序算法中的选择排序。

每次选出当前最小值

当然,这个试验只在仅有一个试验对象的情况下进行了一次,对于人类学的研究没有什么支持作用,但它对排序还是有一点启发的。

假设有一串不知底细的整数,要把它们排成升序,最简单的方法好像的确是每次找到剩下的数字中最小的那个,然后一个个排列起来。方法非常直观,操作起来也很简单。

这种排序算法就叫作**选择排序**(Selection Sort)。

14.2 选择排序

有些排序算法还是比较复杂的,但是也有一些简单直观的排序算法,对于后者,我们统称为**简单排序算法**,选择排序就是其中的一种。

14.2.1 算法原理

选择排序的**原理**非常简单：选择排序是一个迭代算法，每次迭代从待排序的数据元素中选择最小的那个元素，排到当前待排序列的最前面（升序），如此循环，直到所有元素排完为止。

图 14-3 就是一个具体的例子。

图 14-3

14.2.2 数据结构

在此我们采用整数作为排序对象。

首先考虑采用哪种数据结构来承载最初无序的一串整数，以及最后排好序的一串整数。

既然是"一串"整数，数据结构是现成的，还是用逻辑上的数组，即 Python 语言中的列表来实现。

两个解决方案如下：
- 用两个列表分别承载开始无序的和后来有序的两个"串"。
- 用一个列表承载所有数据，排序过程就在这个列表中进行。

用两个列表的方案占用的空间更大，所以我们还是尝试用一个的方案。

至此，我们确定要用列表来存储待排序的若干整数，排序结束后，仍然用同一个列表装载排好序的整数。

14.2.3 算法步骤

本算法是一个迭代过程。

假设现在是第 k 次迭代（$k \geqslant 1$），也就是说，之前已经进行了 $k-1$ 次迭代，那么整个列表中最小的 $k-1$ 个数字应该都已经按顺序排在本列表的前 $k-1$ 个位置上了。

于是,本次迭代的任务包括以下两个:

- 从列表的第 k 个位置到最后的所有元素中找出最小的一个——找到当前最小待排数。
- 把它放到第 k 个位置上——原本在第 k 个位置上的数字直接换到原本属于当前最小待排数的位置上。

图 14-4 就是一个示例:本轮之前已经进行了 3 次迭代,那么我们就从列表中第 4 个位置至最后所有数字中选出最小的那个——位于第 6 个位置的数字,然后将它和第 4 个位置的数字交换。

图 14-4

如此,本轮迭代后,就已经进行了 $k=4$ 次迭代,整个列表中最小的 4 个数字分别排在第 1 个位置到第 4 个位置上。

14.2.4 编程实现

步骤已经非常清晰,下面直接用代码表示。

代码 14-1

```python
from Utilities import swap


def selection_sort(arr):
    # start_position是本次迭代的起始位置的下标,与前述步骤中的k相对应: start_position == k - 1
    for start_position in range(0, len(arr)):
        min_position = start_position # min_position用来记录本次迭代中最小数值所在位置的下标
        # 和其后所有位置上的数字比较,如果有更小的数字,则用该位置替代当前的min_position
        for i in range(start_position+1, len(arr)):
            if (arr[i] <arr[min_position]):
                min_position = i
        # 经过一轮比较,当前的min_position已经是当前待排序数字中的最小值,将它和本次迭代第一个位置上的数字交换
        swap(arr, start_position, min_position)
    return
```

小贴士:和前面介绍的 swap() 函数类似,selection_sort() 函数也没有返回值,因为它唯一的参数(列表类型的 arr)是传对象引用的。

对 selection_sort() 函数的调用如下。

代码 14-2

```python
arr = [3, 2, 1, 5, 8, 7, 9, 10, 13]
selection_sort(arr)
print(arr)
```

运行后的输出结果如下：

[1, 2, 3, 5, 7, 8, 9, 10, 13]

14.3 起泡排序

下面介绍另一种典型的简单排序：起泡排序。

14.3.1 历史

早在 1956 年 7 月，在 ACM 期刊上就发表了一篇名为《在电子计算机系统上排序》（*Sorting on Electronic Computer Systems*）的论文，作者是 E. Friend，其中就讲述了起泡排序。

当时这种排序算法还被称为通过交换排序（Sorting by Exchange），后来改叫交换排序（Exchange Sort），直到 1962 年才被正式称作起泡排序（Bubble Sort，又译为冒泡排序）。

14.3.2 算法原理

起泡排序的原理非常简单：

- 起泡排序是一个迭代过程。
- 每次迭代都将所有待排序元素从头至尾（或从尾到头）走访一遍。
- 在每次走访过程中，两两比较相邻的元素，如果这两者的相对顺序错误就交换过来，否则前进一步比较下一对相邻元素。
- 迭代至没有需要交换的元素为止。

因为在用此算法排序升序序列时，每次迭代过程中最小的元素会经由一次次地交换慢慢"浮"到数列的顶端，就好像一个个气泡冒出来那样。

14.3.3 算法步骤

起泡排序很直观，和选择排序一样，我们选用数组（在 Python 中就是列表）作为其数据结构。

（1）把待排的元素都放在一个数组中。

（2）进入迭代，每次的迭代过程如下：

- 从最后一个元素开始，向前两两比较。
- 如果后面的元素值小则两者交换；否则，前进一步。

（3）反复迭代多轮。

- 第一次迭代从尾一直访问至头，使全体元素中最小的一个"浮到"全数组第一个位置。
- 第二次迭代从尾访问到第二个元素，让全体元素中次小的一个"浮到"全数组第二个位置。
- ……
- 第 $n-1$ 次循环，访问范围缩减到最后两个元素，迭代终止。

图 14-5 就是起泡排序的一个示例。

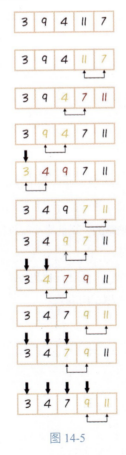

图 14-5

14.3.4　编程实现

把这个过程写成代码也很简单,具体如下。

代码 14-3

```python
from Utilities import swap


def bubble_sort(arr):
    for i in range(0, len(arr) - 1):
        for j in range(len(arr) - 1, i, -1):
            if arr[j] < arr[j - 1]:
                swap(arr, j, j - 1)
    return
```

调用该函数的代码如下。

代码 14-4

```python
arr = [3, 9, 4, 11, 7]
bubble_sort(arr)
print(arr)
```

运行后的输出结果如下:

[3, 4, 7, 9, 11]

14.3.5　算法优化

如果在某次(假设第 n 次)从尾到第 n 个元素的访问中,一次 swap() 都没有发生,则说明这个数列其实已经是正序,至此,整个排序过程就可以结束。

这个小窍门实际上是起泡排序独有的,其他排序就算在一次迭代中根本没有发生 swap(),也并不能说明当前序列已经排序完成。

既然如此,我们可以把这个"窍门"固化在代码中。

经过修改,bubble_sort() 函数变成如下形式。

代码 14-5

```python
from Utilities import swap


def bubble_sort(arr):
    for i in range(0, len(arr) - 1):
        swapped = False
        for j in range(len(arr) -1, i, -1):
```

```
            if arr[j] <arr[j - 1]:
                swap(arr, j, j-1)
                swapped = True
        if not swapped:
            return
    return
```

14.4　插入排序

除了上述两种算法，还有一个经典的简单排序算法，插入排序（Insertion Sort）。

14.4.1　算法原理：又见扑克牌

插入排序是一种模拟玩扑克时理牌方式的排序方法。

整理扑克牌时通常将 4 种花色分开，而每种花色的牌按照从小到大的顺序组成一列。

在抓牌时，抓起一张新牌，首先找对应花色，然后将新牌插入原有同花色牌中适当位置，使这轮抓牌之后手中的牌仍然是排好序的状态。

如图 14-6 所示，这轮新抓的牌是梅花 7，原有牌为梅花 2、梅花 4、梅花 5、梅花 10，那么将梅花 7 插入梅花 5 和梅花 10 之间，保证插入后梅花牌仍然是有序的。

如此，每次抓牌都放到预定位置，总是保证手里的牌是分花色排好序的。

那么牌抓完后，顺序也会同时整理好，之后不必再专门理牌。

以上过程刨除"选花色"部分，就是插入排序算法的原理。

14.4.2　在数组中插入元素

在数组中插入元素的原理很容易，但是应该如何实现插入操作？

当然，Python 语言中的列表型数据有专门的 insert() 内置函数，可以在列表中实现类似链表中插入的操作。

但是，我们虽然使用列表型数据，但要把它当作数组来用。在逻辑结构上，它仍然是一个不能凭空在某个位置上多出来一个元素的数组，要想插入一个数值到某元素位置，那么该元素与其后的所有元素都要后移（如图 14-7 所示）。

这个过程并不难，将预定位置之后的元素都交换到下标加 1 的位置即可，可以用 swap() 来表示。

图 14-6

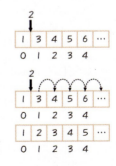

图 14-7

只是如果原本的数组是满的，将某个位置之后的元素后移 1 位就会导致数组的长度增加 1，这会很难，但是在插入排序中并不会出现这样的情况。

因为原本待排的数值都已经被放在一个数组中，如果拿出其中一个元素插入其他位置，这个元素本来的位置就会被空出来，完全可以容留前面后移 1 位的元素。我们只要保证每次都从数组的"尾巴处"去取用来插入新位置的元素就可以。

14.4.3 算法步骤

插入排序的具体步骤如下：

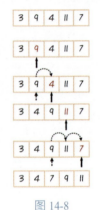

图 14-8

（1）初始：认为待排序数组中的第一个元素是已经排好序的有序序列。

（2）迭代：

- 取出有序序列后的第一个元素作为待排的新元素。
- 将有序序列从后向前扫描，如果有序序列中的某个元素大于新元素，那么将该元素移到下一位置。
- 重复上一个步骤直至有序序列中的元素小于或等于新元素为止。
- 将新元素插入上一个步骤中止的位置。

（3）反复迭代多轮，直至数组中全部元素有序。

图 14-8 是插入排序的一个例子。

14.4.4 编程实现

插入排序也是非常直观简单的排序，我们可以对照上面的步骤直接实现代码。

代码 14-6

```python
from Utilities import swap
def insertion_sort(arr):
    # 因为要从第一个元素之后的元素迭代，所以如果整个序列长度为1，则直接返回
    if len(arr) == 1:
        return
    for i in range(1, len(arr)):
        # 此处也是倒着访问列表，但不是从尾巴开始的，而是从当前位置开始的，因为是两两交换，所以此处代码与bubble_sort有些相似
        for j in range(i, 0, -1):
            if arr[j] < arr[j - 1]:
                swap(arr, j, j - 1)
            else:
                break
    return
```

调用该函数的代码如下。

代码 14-7

```python
arr = [2, 1, 5, 8, 7, 13]
insertion_sort(arr)
print(arr)
```

输出结果如下：

[1, 2, 5, 7, 8, 13]

14.5　简单排序概述

简单排序算法是一类算法，是指那些直观、容易理解的排序算法的总和。到目前为止，我们已经介绍的选择排序、起泡排序和插入排序都属于简单排序算法。这 3 种算法在性能上有很多共性，下面依次介绍。

14.5.1　排序的时间复杂度

假设要排列的数值共有 n 个，那么排序算法的时间复杂度应该是大 O 符号下一个变量为 n 的函数，记为 $O(f(n))$。

排序算法的时间复杂度不能一概而论，而要区分最佳情况、最坏情况和一般情况。

- **最佳**情况是指待排数列原本就是有序的。
- **最差**情况则是指待排数列是倒序的。
- 一般情况指的是所有情况的综合，包括最佳情况、最差情况及其他情况。

最差时间复杂度

最差情况对应到实际中就是给一个倒序的数列排序。

从代码的角度来看，就是将一个算法中所有的代码全都足额跑满，中途没有任何 break/return/exit。

既然如此，下面先对比 3 种排序算法的代码。

代码 14-8

```python
from Utilities import swap
def selection_sort(arr):
    for i in range(0, len(arr)):
        min_position = i
        for j in range(i+1, len(arr)):
            if arr[j] < arr[min_position]:
```

```python
                min_position = j
                swap(arr, i, min_position)
    return


def bubble_sort(arr):
    for i in range(0, len(arr) - 1):
        swapped = False
        for j in range(len(arr) -1, i, -1):
            if arr[j] < arr[j - 1]:
                swap(arr, j, j-1)
                swapped = True
        if not swapped:
            return
    return


def insertion_sort(arr):
    if len(arr) == 1:
        return
    for i in range(1, len(arr)):
        for j in range(i, 0, -1):
            if arr[j] < arr[j - 1]:
                swap(arr, j, j - 1)
            else:
                break
    return
```

这3种算法的主体结构都是两重嵌套的循环。

一旦遇到这种两重循环的结构，当其无论是内循环还是外循环都和数据量（n）直接相关时，我们基本上可以肯定，它的最差情况时间复杂度就是 $O(n^2)$。

- 选择排序。
  - 第1次迭代，外圈走1步，内圈走（n-1）步。
  - 第2次迭代，外圈走1步，内圈走（n-2）步。
  - ……
  - 第 n-1 次迭代，外圈走1步，内圈走1步。
  - 第 n 次迭代，外圈走1步，内圈跳过，全部迭代结束。

因此，当足额执行所有代码时，循环迭代步骤总数 =（n-1）+（n-2）+…+1+0。

同理计算起泡排序和插入排序的循环迭代步骤数。

- 起泡排序的足额循环迭代步骤数 = (n−1) + (n−2) +⋯+1+0。
- 插入排序的足额循环迭代步骤数 =1+2+⋯+ (n−2) + (n−1)。

由此可知，这3种算法在最差情况下所走的循环步数是一样的，循环迭代步骤总数 =(n−1)+ (n−2) +⋯+1+0= (n−1) + (n−2) +⋯+ (n− (n−1)) + (n−n) =n×n− (1+n) × $\frac{n}{2}$ = $\frac{n^2 - n}{2}$

根据大O符号取主要矛盾的特性，上式用大O符号表示为 $O(n^2)$。

因此，3种简单排序算法的最差情况时间复杂度都是 $O(n^2)$。

最佳时间复杂度

选择排序

最佳情况就是待排序列原本就是正序的情况。

仔细分析代码不难发现，**选择排序的最佳情况和最差情况是一样的**。

因为每次迭代都是找"剩下"的元素中最小的那个，所以无论上一次迭代的情况是什么样的，这次还是要把所有"剩下"的元素都访问一遍。

因此，选择排序的最佳情况时间复杂度仍然是 $O(n^2)$。

既然无论最佳情况还是最差情况的时间复杂度都是一样的，那么**选择排序的平均时间复杂度也是** $O(n^2)$。

起泡排序和插入排序

最佳情况的起泡排序和插入排序与选择排序不同。

对起泡排序而言，如果待排序列本来就是有序的，则在第1次迭代中，内圈访问完所有 n−1 个元素，没有发生任何交换，swapped 还是 False，则进入"if (not swapped)"条件分支，直接返回。至此，循环步骤总数为 n−1。

因此，**起泡排序最佳情况时间复杂度仅为** $O(n)$。

在插入排序中，当待排序列完全有序时，虽然 n−1 次迭代都会进入外圈，但每次内圈循环仅进行一步就会进入"break"分支，退出内圈循环。如果是正序数列，整个算法共进行了 1+1+⋯+1=n−1 步。

插入排序的最佳情况时间复杂度也是 $O(n)$。

平均时间复杂度

上面已经介绍了选择排序的平均时间复杂度。这里用一个不是很严格的方法来推导起泡排序的平均时间复杂度。

- 在待排序列完全有序时起泡排序的时间复杂度是 $O(n)$。

- 当待排序列中有 1 个元素错序时,起泡排序的时间复杂度是 $O(n) \times 2$。
- 当待排序列中有 2 个元素错序时,起泡排序的时间复杂度是 $O(n) \times 3$。
- ……
- 当待排序列中有 $n-1$ 个元素错序时,起泡排序的时间复杂度是 $O(n) \times (n-1)$。
- 当待排序列中有 n 个元素错序时,起泡排序的时间复杂度是 $O(n) \times n$。

则起泡排序的平均时间复杂度又可以写为 $\dfrac{(1+2+3+\cdots+n) \cdot O(n)}{n+1} = \dfrac{(n+1) \cdot n \cdot O(n)}{2 \cdot (n+1)} = \dfrac{n \cdot O(n)}{2}$。

在此运用大 O 符号,则上式为 $O(n^2)$。于是,**起泡排序的平均时间复杂度为 $O(n^2)$**。
同理,**插入排序亦然,平均时间复杂度也是 $O(n^2)$**。

14.5.2 排序的空间复杂度

选择排序、起泡排序和插入排序这 3 种算法的空间复杂度为 $O(1)$。

因为三者唯一需要额外存储空间的就是在交换两个元素时借用的 tmp 变量的空间。

虽然整个算法交换很多次,但这些交换是串行,而非并行,因此总共只需要一个额外空间。

14.5.3 简单排序算法性能总结

表 14-1 总结了简单排序算法的基本性能。

表 14–1

名称	数据对象	最佳时间复杂度	平均时间复杂度	最差时间复杂度	空间复杂度
选择排序	数组	$O(n^2)$	$O(n^2)$	$O(n^2)$	$O(1)$
起泡排序	数组	$O(n)$	$O(n^2)$	$O(n^2)$	$O(1)$
插入排序	数组	$O(n)$	$O(n^2)$	$O(n^2)$	$O(1)$

由表 14-1 可知,简单排序的空间复杂度还是很好的,就是时间复杂度比较大。n 一旦"比较大",它的平方就要"大得不得了",那时候的排序算法就会变得很慢。

第 15 章介绍的快速排序算法可以使排序速度更快。

第15章
必须掌握的排序算法

快速排序是一种非常重要的算法,在算法界堪称与二分查找并驾齐驱的双子星座。

15.1 快速排序

与前面介绍的直观、简单但性能不佳的简单排序相比,快速排序算法的复杂度和性能都有所增加,但它的原理依旧非常简单。

15.1.1 一个"笑话"

网上有一个笑话,"**会快速排序的图书馆管理员大妈**",内容如下:

小 D 去图书馆时看见两个志愿者需要把还回来的一堆书按顺序入架。

管理员大妈告诉他们:"你们先在这堆书里拉出一本来,把比它号小的扔到一边,比它大的扔到另一边,然后剩下两堆继续这样整,这样排得快!"

虽然这段文字作为一个笑话颇不高明——笑话的提供者显然把歧视(性别歧视 + 年龄歧视)当作幽默,但从说明算法的角度来看它还是有可取之处的。

笑话中的图书馆管理员大妈所提出的图书整理方法就是本章要介绍的排序算法:快速排序。

15.1.2 算法原理

快速排序(Quick Sort,简称快排),又名分区交换排序(Partition-Exchange Sort),最早是由 Charles Antony Richard Hoare(C. A. R. Hoare)在 20 世纪 60 年代初提出的对起泡排序

的一种改进。

这种排序算法的原理非常简单，主要包括以下两点：

- 将待排数列分割成两部分，其中一部分的所有数据比另一部分的所有数据都小。
- 按此方法对分割出的两部分继续进行分割，如此迭代，直到整个数列有序为止。

15.1.3 算法的江湖地位

虽然快速排序算法的原理非常简单，实现起来难度也不大，但却是所有排序算法中最重要的。最直观的表现就是，快速排序算法是最容易被当作面试题的排序算法。原因是：

- 快速排序简单直接，好理解，易实现。
- 在大多数情况下，快速排序算法具有相当优秀的性能——虽然它的时间复杂度（尤其是最差时间复杂度）看起来比较大，但平均复杂度却颇为可取。
- 快速排序算法出现得很早，同时因为它的实现过程可以在大部分计算机体系架构上高效完成，所以应用非常广泛。

因此，快速排序算法易学、易用、有效，而且用的人非常多。

快速排序算法是每个学过计算机算法的人都应该彻底掌握，并且牢记终身的。

15.1.4 算法步骤

快速排序的步骤如下：

（1）对待排数列进行分区操作。

- 选轴：从待排序的数列中挑出一个元素作为"轴"（Pivot）。

由于数列本身是无序的，所以理论上可以从中随机任选一个元素作为"轴"。但是为了方便起见，我们在后面的操作都选择原数列的第一个元素作为"轴"。

- 分区：将待排数列中"轴"之外的其他元素分别与"轴"进行比较：
  - 比"轴"小的元素都放在"轴"之前（左边），形成左区。
  - 比"轴"大的元素则放在"轴"之后（右边），形成右区。
  - 与"轴"相等的元素理论上可以放在任意一边，我们一律放在左区。

（2）第一步分出来的左区和右区成为两个新的待排数列，分别对它们进行分区操作。

（3）重复第一步和第二步，反复迭代，直到分区操作得出的左区和右区的数列大小是 0 或 1（也就是说待排区域已经"到底"）。

当所有待排序列都"到底"之后，整个数列也就完全有序了。

图 15-1 就是一个数列快速排序的过程。

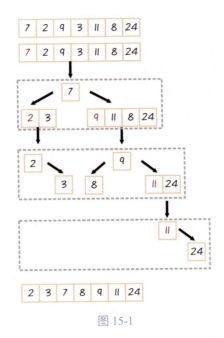

图 15-1

在图 15-1 中，每个虚线框对应一轮分区操作，但一轮分区操作未必是给一个数列分区，图 15-1 从上向下的第二个虚线框中其实就是同时给两个数列（[2, 3] 和 [9, 11, 8, 24]）分区。

15.2 快速排序的时间复杂度

快速排序的"快"可以基于其时间复杂度进行分析。

15.2.1 时间复杂度的计算

假设待排数列的长度为 n。从原理不难看出，算法运行过程中做了很多轮分区操作，一直做到无法再继续分为止。

而每轮分区操作，访问的元素数最多为 n，某个数组上的快速排序虽然在具体某轮分区中访问的元素数可能有差别，但总体而言都和 n 相关，因此一轮分区操作的时间复杂度为 $O(n)$。

假设快速排序算法的运行总共要经历 X 轮分区，则整体的时间复杂度就是 $O(nX)$。

其实，X 是 n 的函数，但这个函数具体是什么需要分不同情况进行分析。

15.2.2 最佳时间复杂度

我们最希望出现的情况肯定是每次分区要把待排数列分成均匀的两截，因为这样经历的分区轮数最少。

反之，当中间切割不均匀时，必然会比依次均匀切割所需次数多。

图 15-2 就是一个直观的例子，共包含 16 个元素，左侧是平分，右侧从第三轮分区开始，有一个子数列不是平分的，结果右侧比左侧多一轮。

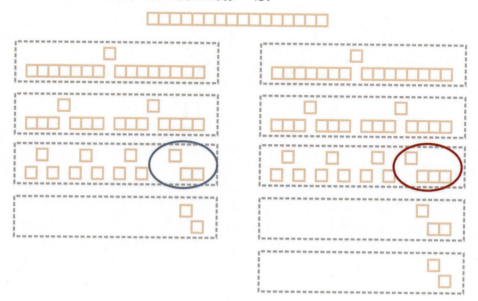

图 15-2

如果每次都把每段待排数列对切成两半，这样一层层分下来，共需要 $O(\log(n))$ 轮分区操作。这里与二分查找很像。

由此可知，快速排序在最佳情况下的时间复杂度就是 $O(\log(n)) \times O(n) = O(n\log(n))$。

15.2.3 最差时间复杂度

既然越均匀越好，那么越不均匀也就越坏。

最坏的情况无外乎每次选择的"轴"都正好是剩下的所有的元素中最大或最小的，结果所有剩余元素全部集中在左区或右区中。这相当于每做一轮分区操作仅能确定一个元素的位置。于是，确定所有 n 个元素的位置就需要操作 n 轮。

于是，整体的时间复杂度就是 $n \times O(n) = O(n \times n) = O(n^2)$。

快速排序在最差情况下的时间复杂度和简单排序是一样的。

15.2.4 平均时间复杂度

在一般情况下，快速排序的平均时间复杂度和最佳时间复杂度相同，也是 $O(n\log(n))$。

15.2.5 理解快速排序的平均时间复杂度

一般情况和最佳情况的时间复杂度相同，这有些不好理解。

大 O 符号的含义是取主要矛盾。在这个前提之下，同样是 $O(f(n))$ 的时间复杂度，对应到具体数值可能会相差若干倍。

快速排序最佳情况下的 $O(n\log(n))$ 和一般情况下的 $O(n\log(n))$，如果除掉大 O 符号，实际上是相差常数系数及量级更低的项，两者并非相等关系。而是在大 O 符号的遮掩之下，样子一样罢了。

平均时间复杂度的计算

在计算一般情况下快速排序的时间复杂度之前，我们首先需要明确：因为输入数列可以是任意组合，里面的元素可以任意排列，所以虽然每次都是取子数列中位置在第一位的元素作为"轴"，这个"轴"的取值在所有元素中的大小排列仍然是随机的。

让我们来看看"轴"在最终排好序的数列中所处的位置。

图 15-3 展示的是一个已经被排好序的数列，最前面的橙色区域表示最小的 25% 的元素，最后面的紫色区域表示最大的 25% 的元素，中间的蓝色区域对应的是位于中间的 50% 的元素。

图 15-3

任何一个位于蓝色区域的元素，都可以保证它至少比 25% 的元素大，且至少比 25% 的元素小。如果选一个蓝区内的数字为轴，则分区完成后"轴"的两侧至少有 25% 的数据，最多有 75% 的数据。那么，如果我们在对一个数列进行快速排序时，从第一次到最后一次分区操作，每次选择的"轴"都位于蓝色区域之中，那么最多只需要把数列分切 $\log_{\frac{4}{3}}(n)$ 次。

当然，随机选取的"轴"落在图 15-3 蓝色区域中的概率只有 50%。也就是说，整体而言，我们从全数列中随机取 2k 个数，其中会有 k 个落在蓝区。因此，平均所需的分区次数是 $2 \times \log_{\frac{4}{3}}(n)$ 次。

综上可知，快速排序算法的整体平均时间复杂度应该是 $2 \times \log_{\frac{4}{3}}(n) \times O(n)$。在大 O 符号的作用下，"次要矛盾"被忽略，最后的量级是 $O(n\log(n))$。

因此，快速排序在一般情况下的时间复杂度是 $O(n\log(n))$。

15.3 快速排序的空间复杂度

所谓空间复杂度，就是对在排序过程中需要的临时存储空间的大小的衡量，可以用大 O 符号下临时存储对应的元素个数来表示。

快速排序在分区的时候需要临时存储，原本长度为 n 的数列，我们先取一个数作为"轴"，然后把原数列分为左区和右区，如图 15-4 所示。

图 15-4

这个时候需要多少临时存储呢？

分区函数的空间复杂度和具体的实现方法有关。不同的实现方法差别巨大。

15.3.1 简单的分区函数

最简单的分区方法是为每个子分区新开辟一块空间，需要多少开辟多少。这一分区方法虽然空间复杂度有点大，但操作简单且容易理解。

如果直接把这个方法转化成代码，就是如下形式。

代码 15-1

```python
def partition(arr):
    if len(arr) < 2:    # 待分区数列长度为1或0
        # 直接返回其本身作为左区，再返回一个空的轴和一个空列表作为右区
        return arr, None, None
    left_partition = []
    right_partition = []
    pivot = arr[0]                              # 将当前数列中的第一个元素作为"轴"
    for i in range(1, len(arr)):
        if arr[i] <= pivot:
            left_partition.append(arr[i])       # 小于或等于轴的元素放到左区
        else:
            right_partition.append(arr[i])      # 大于轴的元素放到右区
    return left_partition, pivot, right_partition    # 按顺序返回左区、轴和右区
```

调用该函数的代码如下。

代码 15-2

```
arr = [3, 9, 7, 8, 2, 4, 1, 6, 5, 17]
print(partition(arr))
```

分区函数代码 15-1 的输入是一个数列，输出把它拆分成 3 个部分，即左区、轴、右区。

输出结果如下：

([2, 1], 3, [9, 7, 8, 4, 6, 5, 17])

这个函数非常直观，就好像每次都把一段大香肠截成了 3 个小段。

但是如果真的在代码中如此实现——每次把一个较大的列表拆成两个较小的列表和一个数字，那么会为下面的快速排序算法带来很大的麻烦。

下面把 partition() 函数的输出稍微修改，使原本存储在一个列表中的数字仍然在这个列表中，就是改变顺序而已，同时还要告知我们分区之后轴的位置。

于是分区函数变成如下形式。

代码 15-3

```
def partition(arr):
    if len(arr) < 2:
        return -1
    left_partition = []
    right_partition = []
    pivot = arr[0]      # 将当前数列中的第一个元素作为"轴"
    for i in range(1, len(arr)):
        if arr[i] <= pivot:
            left_partition.append(arr[i])    # 小于或等于轴的元素放到左区
        else:
            right_partition.append(arr[i])   # 大于轴的元素放到右区
    llen = len(left_partition)
    arr[0:llen] = left_partition[0:llen]
    arr[llen] = pivot
    arr[llen + 1: len(arr)] = right_partition[0:len(right_partition)]
    return llen
```

调用该函数的代码如下。

代码 15-4

```
arr = [3, 9, 7, 8, 2, 4, 1, 6, 5, 17]
p = partition(arr)
print("pivot index is:", p)
print(arr)
```

输出结果如下：

```
pivot index is: 2
[2, 1, 3, 9, 7, 8, 4, 6, 5, 17]
```

内容没有问题，但是如果这样，每次都需要对整个输入列表分区，如果只对其中一段分区，只要再接收两个输入参数（low 和 high），用它们来划分待分区，low 和 high 分别代表待分区最左面与最右面的元素的下标。

代码 15-5

```python
def partition(arr, low, high):
    if low >= high:
        return -1
    left_partition = []
    right_partition = []
    pivot = arr[low]
    for i in range(low + 1, high + 1):
        if arr[i] <= pivot:
            left_partition.append(arr[i])
        else:
            right_partition.append(arr[i])
    llen = len(left_partition)
    rlen = len(right_partition)
    for i in range(0, llen):
        arr[i + low] = left_partition[i]
    arr[low + llen] = pivot
    for i in range(0, rlen):
        arr[i + low + llen + 1] = right_partition[i]
    return low + llen
```

调用该函数的代码如下。

代码 15-6

```python
arr = [3, 9, 7, 8, 2, 4, 1, 6, 5, 17]
p = partition(arr, 0, len(arr) - 1)
print("pivot index is:", p)
print(arr)
```

输出结果如下：

```
pivot index is: 2
[2, 1, 3, 9, 7, 8, 4, 6, 5, 17]
```

小贴士：在分区函数代码15-5中，参数arr属于传对象引用，在partition()函数被调用之后，arr的元素值也会发生变化。

同时，这个函数还有返回值，返回值是一个整数，对应的是这次的"轴"在分区之后所在列表中的位置下标。

这种实现确实能够满足功能要求，但需要用两个列表做缓存分别存储，然后还要再循环一遍修改原本的 arr 列表。所需要的额外存储空间和整个待分区域一样大。

这样的分区函数占用的空间非常大，所以需要进行优化。

15.3.2 优化分区函数

快速排序的分区函数也可以优化至 $O(1)$ 的空间复杂度。

一个额外缓存空间为 1 的快速排序分区函数的示例代码如下。

代码 15-7

```python
from Utilities import swap


def partition_v2(arr, low, high):
    if low >= high:
        return -1
    pi = low
    li = low + 1
    ri = high
    while ri >= li:
        if arr[li] > arr[pi]:
            swap(arr, ri, li)
            ri -= 1
        else:
            li += 1
    pi = li - 1
    swap(arr, low, pi)
    return pi
```

调用该函数的代码如下。

代码 15-8

```
arr = [3, 9, 7, 8, 2, 4, 1, 6, 5, 17]
p = partition_v2(arr, 0, len(arr) - 1)
print("pivot index is:", p)
print(arr)
```

partition_v2() 函数和之前的分区函数 partition() 不仅功能相同，而且接口都是完全一样的。

先来看输入，partition_v2() 函数同样是接收 3 个参数：

- arr：一个用来承载所有待排数字的列表。
- low：待排区间的起始下标。
- high：待排区间的终止下标。

输出如下：

- 本分区函数的返回值为分区完成后轴所在位置的下标。
- 函数运行完成后，arr 内部元素的顺序已经是分区后的结果。

接口很容易看懂，但是 partition_v2() 函数体的逻辑则显得比较复杂。

下面根据代码来分析 partition_v2() 函数：

- 本分区函数内有 3 个内部变量——pi、li 和 ri，显然它们都是 arr 的下标，而且这 3 个变量的初始值分别是待查区域中的第一个、第二个和最后一个元素。这 3 个变量的值在运行过程中都有可能改变。
- 代码中调用了之前我们写的 swap() 函数，它是用来交换列表中的元素的。
- 程序的主题部分是一个 while 循环，在这个循环中发生的操作包括交换元素，以及 ri 和 li 的值的变化。

小贴士：在循环中，pi 的值不变。

- 循环结束后还做了两件事：改变了 pi 的值，交换了一次元素。

要完全明白函数的运作细节，就必须清楚 while 循环的过程。

while 循环"里面"到底经历了什么？

为什么经过短短的几行代码，就可以把一个待排序区域中原本位于区域头部的元素（"轴"）放到了它最终的目标位置上，还把区域中不比它大的都放到了它之前，而比它大的都放到了它之后？

为什么在 while 循环中只有 li 和 ri 被重新赋值？难道在 while 循环中 pi 自始至终都指向一个元素？如果是这样，为什么一次迭代中唯一的 swap() 操作总是发生在 arr[li] 和 arr[pi]

比较大小之后？

while 循环之后的 pi=li-1，以及最后的 swap()，到底是为了达到什么目的呢？

这些问题，读者都清楚吗？

如果无须进一步解释，读者已经看明白，就说明您非常清楚上述问题。

但是如果读者把每行符号代码都看了一遍，仍然比较糊涂，也不必着急，因为这个算法本来就不是很直观。

其实，阅读循环语句是阅读代码中的一个普遍难点。很多时候，看似简单的循环代码却很难读懂，在学习代码过程中，这是很常见的。

这个时候，我们可以用"人肉计算机"法来辅助阅读代码。

15.4 解读分区算法源代码

上面 partition_v2() 函数的源代码并不长，而且空间性能很好。为什么能够做到 $O(1)$ 的空间复杂度就分区？ while 循环是如何运行的？

当我们读不懂一段源代码时，应该怎么办？其实，有些人工的或机器辅助的方法能够帮助我们理解。

本节介绍两个解读算法源代码的方法：

- 纯人工的"人肉计算机"法。
- 机器辅助的打印解读法。

15.4.1 "人肉计算机"法

推演源代码

有一种特别简单、直接又有效的代码理解方法：自己构造一个测试输入，然后扮演"人肉计算机"，按照源代码，一步步走完代码块的全过程。

遇到处理数组等线性数据结构的情况，我们可以用几个不同的指针来标识不同的下标变量，这样能够使整个过程看起来一目了然。

"人肉运行"

下面用一个例子来演示"人肉计算机"法：亦步亦趋解读无法完全读通的 partition_v2() 函数的循环部分代码。

首先，选择一个数列作为输入。选择数列 [5,8,3,2,11,19,2,0,27] 作为输入的 arr，选择 0 和 len(arr)-1 分别作为 low 与 high。

然后，按照"人肉计算机"法，用我们自己的大脑模拟程序解释器，亦步亦趋地"运行"partition_v2() 函数。

为了能够一目了然，我们用示意图来展示整个推演过程，把 arr 用框图画出来，用不同颜色的小"指针"代表不同的变量值。

这样，arr 对应的框图就成了"舞台"，而上面各种颜色的小指针就成了"演员"，按照源代码这个"剧本"，上演了一个个的"赋值"剧情。具体过程如图 15-5 所示。

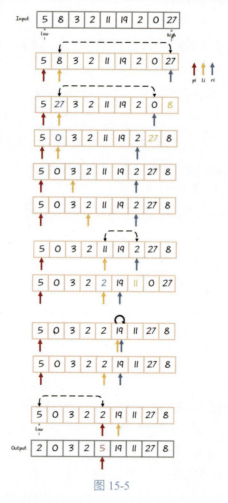

图 15-5

其实，partition_v2() 函数的**工作原理**如下。

（1）选中待排区域中第一个元素作为 pivot，这个位置用 pi 表示（pi=low）。

（2）用 li 和 ri 两个变量分别指向待排区域头和尾的下标，从两个方向向中间走。

- 先从右往左（因为 pivot 在头部）。

- 如果 arr[li]>arr[pi]（也就是 arr[li]> pivot），则说明当前 li 位置的元素太大，应该放到右区，于是交换 li 和 ri 两个位置中的元素。交换完成后，我们可以确定的是 arr[ri] 位置上的元素肯定是大于 pivot 的，这个位置肯定是属于右区的，那么我们的 ri 指针就可以向左移动一步。

- 如果 arr[li] ≤ arr[pi]（也就是 arr[li] ≤ pivot），则当前 li 位置的元素应当属于左区，不用做额外处理，于是 li 指针向右移动一步。

（3）迭代第二个步骤，直到 ri 在 li 左侧时为止（退出 while 循环的条件是 ri<li）。

（4）退出 while 循环后，此时 li 所在的位置及其之后的所有元素都是比 pivot 大的，而反过来，在 li 指针指向元素之前的所有元素中，pivot 是最大的。于是我们把 pivot 放在 li – 1 的位置上。

我们也可以再"人肉"运行一次（如图 15-6 所示）。

如果读者还不明白，可自行举例，然后一步步推演，直到弄明白为止。

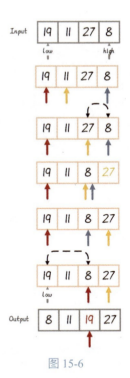

图 15-6

15.4.2　打印解读法

打印变量中间结果

纯人工推演有时容易顾此失彼，造成混乱。因此，我们可以在推演过程中加入打印语句，打印出变量在运行过程中每步的临时值，然后和我们自己的推演进行比对。

打印分区函数中间变量

对于分区函数，我们关心的主要是 pi、ri、li 和 arr 在运行过程中的变化，因此需要打印出它们在迭代中的临时值，具体示例如下。

代码 15-9

```python
from Utilities import swap


def partition_v2_print(arr, low, high):
    if low >= high:
        return -1
    pi = low
    li = low + 1
```

```
    ri = high
    print("original list: ", arr)
    while ri >= li:
        print("\n[in loop] -- pi: ", pi, "li: ", li, "ri: ", ri)
        if arr[li] > arr[pi]:
            swap(arr, ri, li)
            print("\nswapped list: ", arr)
            ri -= 1
        else:
            li += 1

    print("\n[out of loop] -- arr: ", arr)
    print("[out of loop] -- pi: ", pi, "li: ", li, "ri: ", ri)
    pi = li - 1
    swap(arr, low, pi)
    print("\n[final] arr:", arr)
    print("[final] pi: ", pi)
    return pi
```

调用该函数的代码如下。

代码 15-10

```
arr = [19, 11, 27, 8]
partition_v2_print(arr, 0, len(arr) - 1)
```

输出结果如下：

```
original list:  [19, 11, 27, 8]
[in loop] -- pi:  0 li:  1 ri:  3
[in loop] -- pi:  0 li:  2 ri:  3
swapped list:  [19, 11, 8, 27]
[in loop] -- pi:  0 li:  2 ri:  2
[out of loop] -- arr:  [19, 11, 8, 27]
[out of loop] -- pi:  0 li:  3 ri:  2
[final] arr: [8, 11, 19, 27]
[final] pi:  2
```

最后将这些打印结果和我们的推演对应起来（见图15-7）。

阅读源代码，了解算法细节

这种从看似简单的代码中了解到其复杂，再从复杂回归简单，使一团乱麻变成清晰可描述的逻辑的过程，是**对思维的训练**。

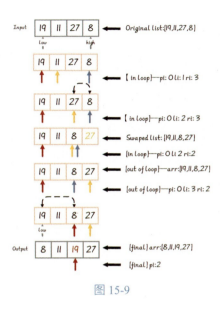

图 15-9

从广义的角度来看,这也是我们学习算法最**有意义**的地方。

15.5　编程实现快速排序算法

上面介绍了实现子功能的分区算法,下面具体实现快速排序算法。

虽然快速排序算法的原理非常直观,但其背后却隐藏着一个非常关键的算法策略:分治。

15.5.1　分治策略

算法有对应的原理和步骤,每个算法的步骤都与其他算法有所不同(否则就是同一个算法)。但在具体的原理和步骤之上,我们还可以抽象出一个更高的层次:算法策略,也就是解决问题的思路。

算法策略有很多,但常用和常见的有分治、贪心、动态规划等几种。

分治(Divide and Conquer)的思路就是在解决问题的时候,将求解过程分为分(Divide)和治(Conquer)两个部分:

- 分:将要解决的问题分解为若干规模较小但类似于原问题的子问题,一直迭代地分下去,直到分出来的子问题可以简单地直接求解为止。
- 治:对子问题分别求解,然后将这些子问题的解合并起来作为原问题的解。

简单而言,分治就是我们常说的"分而治之"。

回顾快速排序的原理可以发现,它体现的就是这种思想策略。

15.5.2 快速排序的分与治

应该如何实现分治策略的快速排序算法呢？下面对照分治的两个步骤来了解快速排序的原理。

- 分
  - 分区：将待排数列分成左区、轴和右区。
  - 对分出来的左区和右区再分别进行分区，持续迭代，直到分出来的子区长度为 1 或 0 为止。

- 治
  - 每次分区后，当次的"轴"元素都在数列中找到了它最终所处的位置。
  - 当分出来的分区长度为 1 时，整个子数列中只有一个元素，这个元素已经归于正确位置，无须再分。

确定每轮的待分区域

假如在一个待排的原始数列进行了一次分区之后，我们不仅能知道它分出来的左区和右区，还知道二次细分出来的左左区、左右区、右左区、右右区，以及三次细分出来的左左左区、左左右区……

总之，能够搞清楚所有需要分区的区域，直到这些区域的长度为 0 或 1 为止，然后分别对它们进行分区操作，最后的结果也就有序了。

但是，我们无法在一开始就把以后要分多少次区，以及每次的分区结果都是从哪儿到哪儿搞清楚。

暂时搞不清楚也没有关系，不必急在一时，只要一边分一边知道就可以了。

我们可以把所有待分的区间用一个二维列表来维护，这个列表中的每行（每个一级元素）都是一个长度为 2 的一维列表，这个内层一维列表中的两个元素分别用来存储一个区域的起始和终止元素下标（low 和 high）。

每次迭代的操作如下。

- 沿着这个二维列表依次取出一行——一个待分的区域。
- 处理当前分区：
  - 如果区域长度小于或等于 1，则直接略过，说明本区域已经达到"治"的地步，无须再分。
  - 如果区域长度大于 1，则为这个待分区域分区。
- 若存在新分出来的左区和右区，再添加到二维列表的尾部。

如此一来,只要前面的分区还能分出待分的新区,二维列表就不会空;反之,如果二维列表空了,则说明所有的区域都已经完成了"治",有序结果已经产生了。

直观联想

其实,这个二维列表就像是一堆文件。在这堆文件中,每份文件都记录着一个待分区的区域。但是这个文件堆不是在快速排序工作一开始就全都堆好的,而是一边处理前面的,一边堆后面的……

在一般情况下,一开始每处理一个分区就要产生两个新分区,文件会越堆越高。

但是当工作进行到一定的程度,有些区就已经被"分到底"(待分区域长度小于或等于 1),然后,堆积的文件堆就开始越来越矮,直到消失。

15.5.3 编程实现快速排序算法

搞清楚过程的每个步骤,编程实现起来就比较容易。实现快速排序的过程如下。

代码 15-11

```python
from Utilities import partition_v2


def q_sort_iteration(arr, low, high):
    if low >= high:
        return
    regions = [[low, high]]
    i = 0
    while i < len(regions):
        low = regions[i][0]
        high = regions[i][1]
        p = partition_v2(arr, low, high)
        if p != -1:
            regions.append([low, p - 1])
            regions.append([p + 1, high])
        i += 1
    return
```

调用该函数的代码如下。

代码 15-12

```python
arr = [2, 1, 5, 8, 7, 13, 26, 4, 39, 0]
q_sort_iteration(arr, 0, len(arr) - 1)
print(arr)
```

输出结果如下：

[0, 1, 2, 4, 5, 7, 8, 13, 26, 39]

可以发现，运行非常正常。

因为这个实现过程使用了循环，所以将其称为迭代式快速排序，函数名叫作 q_sort_iteration()。

之所以要强调是迭代式快速排序，是因为我们要将它与另一种快速排序实现方法进行区分，那种方法叫作递归式快速排序，下一章将专门介绍。

第 16 章

递归实现快速排序

前面介绍了迭代实现快速排序的方法,本章介绍递归式快速排序。

16.1 递归:像"贪吃蛇"一样"吃掉"自己

下面先介绍递归的概念。

16.1.1 历史悠久的概念

递归这一术语的应用面非常广泛,在语言学、逻辑学、数学和计算机领域中都有出现。

虽然递归在不同领域的具体定义不同,但从直观上看,无论在哪个领域,递归就像一条"**贪吃蛇**",所做的事情就是"**自己吃自己**"。

对一种自己吃自己的条状动物的描述,早在古埃及时期就已经存在,古埃及壁画中的含尾蛇(Ouroboros)就是这样一种形象。

含尾蛇由希腊学者引入欧洲,成为中世纪炼金术的符号。图 16-1 就是 15 世纪炼金术小册子中的一幅插图。

自食其尾的蛇揭示了递归的根本:递归是一个过程,在这个过程中有**一个步骤援引了整个过程**。

图 16-1

16.1.2 无效递归

我们选来看一个大家特别熟悉的故事：

从前有一座山，山里有一座庙，庙里有一个老和尚在讲故事。讲的是什么故事呢？

从前有一座山，山里有一座庙，庙里有一个老和尚在讲故事。讲的是什么故事呢？

从前有一座山，山里有一座庙，庙里有一个老和尚在讲故事。讲的是什么故事呢？

……

这个故事是递归结构的，用流程图来表达就是如图 16-2 所示的形式。

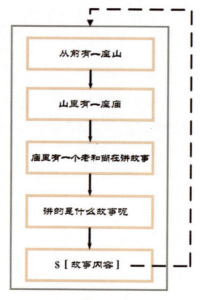

图 16-2

故事共有五步陈述，如果最后一步的故事内容是龟兔赛跑或拔萝卜，或者任意和自身无关的故事，那么整个结果就是顺序执行的 5 个步骤。

就算最后的故事内容是《冰与火之歌》，把已经出版的 5 本小说和已经拍成电视剧的后几季剧本都复制到第五个框的位置，也不过是使整体篇幅加长，仍然是有限的。

然而，一旦"故事内容"变成那个故事本身的一个部分，这个故事就会被一次次装进上一层的"故事内容"中，如此继续下去，永不停歇。

看起来这是一个递归，但其实这是一个无效递归。

类似的无效递归还有：

在 David Hunter 编写的《离散数学概要》(Essentials of Discrete Mathematics) 一书的术语表中，有下面这样一行：

递归，见递归

其实，上面这行就是一个笑话。

这个笑话的笑点在于：术语表中的"递归"循环地援引自己，而每次自我援引丝毫没有减小问题的规模，问题自始至终都是那么大，所以永远也解决不了。

"从前有一座山"的故事也属于此类。

16.1.3　有效递归

真正有效的递归是能够解决问题的。

这类递归类似于俄罗斯套娃（见图16-3），虽然在解决步骤中援引的问题是"同一个"问题，但是每次援引后都能使问题的规模变小，直到最后可以一举得出结果。

图 16-3

虽然无效递归是很好的笑话题材，但是显然，我们在日常生活中真正需要的是有效递归。

在讲解递归地解决计算机领域中的问题之前，需要先了解数学中的递归概念。

16.1.4　分形

分形（Fractal），是数学对自然界中存在的一类事物形态的抽象。

分形的**通俗定义**如下：一个几何形状，可以分成多个部分，并且每个部分都是整体缩小后的形状。也就是说，一个形状，我们取它的一个枝叶或碎片放大来看，居然又是它本身。

也可以反过来看，一个图形可以递归地"分裂"出枝叶和细节。图16-4展示的就是一个图形经过1次、2次、3次、4次、8次分形的结果。

图 16-4

分形是一种典型的递归结构。

16.1.5 斐波那契数列

斐波那契数列（Fibonacci Sequence）是一个数字系列，这个数列以 0 和 1 为起始，其后的每个数字都等于其前面两个数字的和。

据说在公元前就有印度学者研究过这样的数列，不过目前的正式名称却得名于 12 世纪的意大利数学家斐波那契（Leonardo Fibonacci）。斐波那契在其《计算之书》中提出了一个在理想条件下兔子成长率的问题。他的研究基于如下两个假设：

- 1 对新生的兔子（一雌一雄）在满一个月月龄后可以生育，于是在它们出生后的第二个月月底，雌兔子可以再生 1 对兔子。
- 兔子永不会死，而且从第二个月开始，每月生育 1 次，每次生育都是生一雌一雄（见图 16-5）。

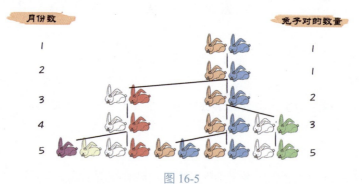

图 16-5

基于这两个假设，如果在年初有 1 对新生的兔子，1 年后会有多少对兔子？我们来一个个月地看：

- 1 月月底，总共有 1 对兔子，它们开始交配。
- 2 月月底，雌兔子生了 1 对小兔子，总共有 2 对兔子。
- 3 月月底，1 月的那对兔子又生了 1 对小兔子，而 2 月生的兔子刚开始交配，此时共有 3 对兔子。

- 4月月底，1月的兔子和2月的兔子各生了1对小兔子，3月生的兔子刚开始交配，此时共有5对兔子。
- ……
- 第 n 个月月底，兔子对的总量 = 新生兔子对的数量 + 上个月及之前就已经出生的兔子对的数量。
  - "新生兔子对的数量"和第 $n-2$ 个月月底的兔子总数一样，因为只有第 $n-2$ 个月月底就已经存在的兔子在第 n 个月才有生育能力。
  - "上个月及之前就已经出生的兔子对的数量"和第 $n-1$ 个月月底的兔子总数相同。

我们把这个数字叫作第 n 个斐波那契数，所有这些斐波那契数组成的序列就叫斐波那契数列。

在数学上，**斐波那契数**是以递归的方法来**定义**的：

Fibonacci(0)=0

Fibonacci(1)=1

Fibonacci(n)=Fibonacci($n-1$)+Fibonacci($n-2$)

其中，$n \geqslant 2$。

前几个斐波那契数很简单：

Fibonacci(0) = 0

Fibonacci(1) = 1

Fibonacci(2) = 1

Fibonacci(3) = 2

Fibonacci(4) = 3

Fibonacci(5) = 5

Fibonacci(6) = 8

Fibonacci(7) = 13

Fibonacci(8) = 21

Fibonacci(9) = 34

Fibonacci(10) = 55

……

在大自然中，斐波那契数列被发现存在于许多成长模式中，如风暴、人脸、海螺等（见图16-6）。

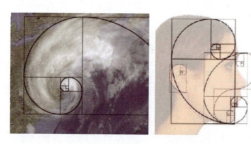
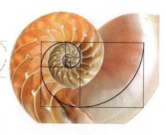

图 16-6

如果把斐波那契数列应用到树的生长上,将之前第 *n* 个月月底的兔子对的总数改成第 *n* 层的分支数,则会发现如图 16-7 所示的效果。

图 16-7

另外,在斐波那契数列中,从第三个数字开始,任意两个相邻的数字的比率都与黄金分割(0.618∶1)非常接近。

16.2 递归函数

计算机领域中的递归是一种解决问题的方法,这种方法依赖其要解决的问题实例更少的情况下的解法。而在计算机编程中,最能够直接体现递归这一概念的,就是递归函数。

16.2.1 递归和分治

前面介绍的分治策略。在算法实现层面,很多时候是采用递归方式实现的。
分治策略、算法和递归的关系如下:
- 分治策略是一种算法策略,是很多种算法指导思想的统称。

- 某种分治算法是一种采用了分治策略的算法。
- 某些分治算法是采用递归方法实现的。

16.2.2 递归函数

简单来说，**递归函数**就是**自己调用自己的函数**。

任何编程语言编写的函数都有定义和调用两个部分：

- 定义包含函数的全部四要素：函数名、参数、返回值和函数体。其中，函数体就是函数的流程逻辑，描述函数将输入数据处理为输出数据的过程。
- 函数调用是对函数的使用。

这些前面已有介绍。

所谓"自己调用自己"，就是在某函数的函数体中，有一个步骤是对它自身的调用，这与贪吃蛇"自己吃自己"类似。

16.2.3 最简单的递归函数

下面介绍一个最简单的自己调用自己的递归函数。

无论多简单，函数名都不能少，这个最简单的递归函数就叫作 recursion_test() 函数。

既然要尽量简单，那就先不要参数，也不返回任何返回值，同时函数体只有一个步骤。

既然是递归函数，这个步骤就是调用自己。

因此，最简单的递归函数如下所示。

代码 16-1

```python
def recursion_test():
    recursion_test()
    return
```

虽然很简单，但这确实是一个递归函数。

其实，这是一个无效递归，因为它每次的问题规模没有改变。但我们没有要实际解决的问题，所以写出一个是递归的函数就可以。从这个角度来看，递归函数已经构造好了。

recursion_test() 函数是否可以运行？运行后的结果又是什么？下面调用它：

代码 16-2

```python
recursion_test()
```

错误信息如下：

```
Traceback (most recent call last):
  … …
  [Previous line repeated 996 more times]
RecursionError: maximum recursion depth exceeded
```

出现这个错误主要是因为递归函数调用自己的深度超过了 Python 3 对于递归调用的深度限制。

16.2.4　Python 限制递归深度

递归函数每调用一次自己，递归的调用深度就会增加 1——如同一双对放的镜子中影像又向深远处多反射了一层（见图 16-8）。

图 16-8

理论上，递归是无限的，调用深度可以是任意的。

但在现实中，因为 Python 的解释器在解释运行程序时受到了诸多限制，计算机的软件和硬件资源也都是有限的，所以不可能允许在其中运行的函数真的"无限"调用下去。Python 系统对递归的调用深度做了专门的限制。

在 Python 3 中，默认的递归深度可以用如下语句来获取。

代码 16-3

```
import sys

print(sys.getrecursionlimit())
```

直接运行得出的结果如下：

```
1000
```

这说明 Python 3 默认允许的递归调用深度是 1000。

16.2.5 限制运行次数的递归函数

既然如此，为了使递归函数正确运行，限制递归函数的调用次数就可以。
要限制调用次数就要设置限制条件，一旦达到这个条件就退出递归调用。
因此，可以将 recursion_test() 函数修改为如下形式。

代码 16-4

```python
def recursion_test(depth):
    if depth <1000:
        recursion_test(depth + 1)
    return
```

在修改后的 recursion_test() 函数中，当调用深度为 1000 时就不再自我援引，而是直接返回，退出函数。一旦退出，则问题规模骤然为 0。此时，原来的无效递归已经变成有效递归。

下面运行新的递归函数。

代码 16-5

```
recursion_test(1)
```

运行中还是有如下错误：

```
RecursionError: maximum recursion depth exceeded in comparison
```

这是什么意思？为什么在比较的时候会出现错误？
我们还是先看在出错之前究竟已经递归了多少次，加上打印语句的形式如下。

代码 16-6

```python
def recursion_test(depth):
    print("recursion depth:", depth)
    if depth <1000:
        recursion_test(depth + 1)
    return
```

调用修改后的 recursion_test() 函数（见代码 16-5）。

输出结果如下：

```
recursion depth: 1
… …
recursion depth: 996
Traceback (most recent call last):
 … …
RecursionError: maximum recursion depth exceeded while calling a Python object
```

这说明错误出现在第 997 次调用（因为第 996 次递归已经被正确打印出来了），我们把限制改成 996，到了第 996 次，就不再继续。再次修改该函数。

代码 16-7

```python
def recursion_test(depth):
    print("recursion depth:", depth)
    if depth < 996:
        recursion_test(depth + 1)
    else:
        print("exit recursion")
    return
```

然后调用该函数（见代码 16-5），这次正常运行。

系统对于递归的深度限制是 1000，在实践中会变成 996，这是因为递归深度限制是指与当前运行的 Python 程序相关的所有程序的调用深度，而不仅仅只是对 recursion_test() 函数本身的调用。

我们是在 PyCharm 中运行 Python 程序的。但是，PyCharm 不是解释器，所以它要调用 Python 3 运行时程序，然后 Python 3 运行时装载程序文件（运行时将其视作一个 Python 模块）。

所有这些都要占用 1000 次的深度限制，导致最终留给 recursion_test() 函数的"调用额度"只有 996 次。

16.2.6　递归实现斐波那契数的计算

前面介绍了斐波那契数和斐波那契数列的定义，具体如下：

Fibonacci(0) = 0

Fibonacci(1) = 1

Fibonacci(n) = Fibonacci($n-1$)+Fibonacci($n-2$)　　其中，$n \geqslant 2$。

根据上述定义，我们可以用 Python 代码来实现计算整数 n 的斐波那契数的函数。

代码 16-8

```python
def fibonacci(n):
    if n <0:
        print("Incorrect input")
    elif n == 0:
        return 0
    elif n == 1:
        return 1
    else:
        return fibonacci(n-1) + fibonacci(n-2)
```

调用以下代码。

代码 16-9
```
print(fibonacci(10))
```

输出结果如下：

55

正好是 10 对应的斐波那契数，Fibonacci(10) = 55。

16.3 实现递归式快速排序

16.3.1 递归式快速排序的原理

如前所述，快速排序的原理可以分为"分"和"治"两个步骤：

（1）**分**：分区。（1.1）将待排数列分成左区、轴和右区；（1.2）对分出来的左区和右区再分别进行分区，持续迭代。

（2）**治**：当分出来的分区长度为 1 或 0 时，就无须再分，至此，关于本区域的分区迭代停止。

如果对应到程序中，第二个步骤可以对应为一个判断条件，1.1 是分区函数，那么 1.2 是什么呢？

关于 1.2，我们可以理解为继续进行分区。

例如，将 1.1 分出来的左区，再分为左左区和左右区。如果左左区或左右区不满足长度为 1 或 0 的条件，还要继续对它（们）分区……对右区的操作亦是如此。

因此，1.2 并不是简单地重复 1.1，而是援引整个算法本身，这正是递归适合处理的情况。

16.3.2 递归式快速排序的编程实现

我们可以用递归来完成快速排序。

代码 16-10
```
from Utilities import partition_v2


def qsort_recursion(arr, low, high):
```

```python
    if low >= high:
        return
    p = partition_v2(arr, low, high)
    qsort_recursion(arr, low, p - 1)
    qsort_recursion(arr, p + 1, high)
    return
```

qsort_recursion() 函数接收 3 个参数：arr、low 和 high：

- arr 是自始至终存储所有数字的列表。
- low 和 high 是列表中两个单元的下标，分别指向待排序区域的起、止坐标。

如此设置，就可以在递归过程中限制递归的作用域，并使递归函数待解决的问题越来越小，一直小到待排区域的长度为 1 或 0（low 不小于 high）为止。

之前我们已经介绍了分区函数，当时还特地调整了分区函数的参数设置，就是为了和现在的 qsort_recursion() 函数的参数意义保持一致，方便在 qsort_recursion() 函数中调用它。

调用递归式快速排序函数的示例如下。

代码 16-11

```python
arr = [7, 9, 6, 8, 10, 3, 2, 1, 4, 5]
qsort_recursion(arr, 0, len(arr) - 1)
print(arr)
```

输出结果如下：

[1, 2, 3, 4, 5, 6, 7, 8, 9, 10]

16.3.3　算法性能

无论是递归式快速排序还是迭代式快速排序，它们的时间复杂度都是一样的。

在一般情况下，迭代式快速排序的运行速度**整体上**略快于递归式快速排序，这与递归的内部实现有关，其中还涉及堆栈，在此不展开介绍，大家知道这一点即可。

递归式快速排序和迭代式快速排序的空间复杂度其实都取决于分区函数——无论哪种算法实现，都只有分区函数才需要额外的缓存空间。因此，分区算法的空间复杂度就是整个快速排序算法的空间复杂度。

16.4　测试算法程序

之前，每次实现一个函数，我们都只调用一次看结果，调用中使用的数据也总是很简单。这样做，从软件测试的角度来看是远远不够的。

全面测试一个软件/程序涉及很多方面，最基本的就可以分为功能和性能两大类，两大类又可以细分成很多小类。

对于我们在本书中学习的算法程序而言，因为它们的时空复杂度都是已知的，如果进行性能测试，最终得到的数据能够衡量的其实是计算机的软件和硬件系统，而不是算法本身。因此，我们只关注功能方面。

算法都是经典算法，我们之所以要验证程序功能，不是为了验证算法原理，而是为了验证具体实现的正确性。以此为出发点，最简单、直接的方式就是构造多个测试数据，"灌进去"运行。

16.4.1 构造测试数据集

当前我们要测试的是排序算法，针对它的数据集可以从以下 3 个方面入手：

- 随机数列
- 正序数列
- 倒序数列

这 3 个数列正好对应排序算法计算时间复杂度时的一般情况、最佳情况和最差情况。

这些数据集都可以通过程序来生成。下面所示的整个函数可以同时生成随机数列、正序数列和倒序数列。

代码 16-12

```python
import random


def generate_test_data(start, end, len=None):
    arr_random = None
    if len is not None:
        arr_random = [random.randint(start, end) for x in range(0, len)]
    arr_seq = [x for x in range(start, end + 1)]
    arr_reverse = [end + start - x for x in range(start, end + 1)]
    return arr_random, arr_seq, arr_reverse
```

generate_test_data() 函数接收 3 个参数，即 start、end 和 len，返回 3 个列表，即 arr_random、arr_seq 和 arr_reverse。

如果 len 的输入值为 None，则 arr_random 为 None，否则 arr_random 是一个长度为 len 的数列，每个元素都是一个取值范围为 [start, end] 的整数。

arr_seq 是一个长度为 end-start+1 的数列，第一个元素的值为 start，第二个元素的值为

start+1，第三个元素的值为 start + 2……最后一个元素的值为 end。

arr_reverse 也是长度为 end-start+1 的数列，第一个元素的值为 end，第二个元素的值为 end-1，第三个元素的值为 end-2……最后一个元素的值为 start。

调用如下所示的函数。

代码 16-13

```python
arr_random, arr_seq, arr_reverse = generate_test_data(1, 10, 5)
print(arr_random)
print(arr_seq)
print(arr_reverse)
```

输出结果如下：

```
[4, 2, 7, 9, 3]
[1, 2, 3, 4, 5, 6, 7, 8, 9, 10]
[10, 9, 8, 7, 6, 5, 4, 3, 2, 1]
```

16.4.2　安装 pip 和用 pip 安装模块

generate_test_data() 函数除了调用了 Python 3 内置的 range() 函数，还调用了 random.randint() 函数（作用是随机生成一个取值范围为 [start, end] 的整数）。

后者不是 Python 3 内置的函数，要调用它需要 import random 模块，而这个 import random 模块也不是 Python 3 安装时自带的，而是需要通过 pip 安装。

pip 是 Python 的包安装器（Package Installer），用它可以很方便地安装 Python 的各种模块。当然，pip 也要自主安装，具体方法如下：

- 从官网下载 pip 安装包：对于 Windows 系统用户，请选择最新版的 pip-{version}.tar.gz 压缩包。
- 解压下载的压缩包，打开 Windows 命令行界面，进入解压后的 pip 目录，运行如下安装命令：python setup.py install
- 在 Windows 系统环境变量中添加 pip 目录。

安装好 pip 之后，就可以用 pip 安装 random 包，方法很简单，就是在 Windows 命令行界面输入如下命令：

```
pip install random
```

如此，random 包就可以被自动安装好。

16.4.3 用生成数据测试快速排序

下面用生成的数据来测试新的递归式快速排序算法。

虽然 generate_test_data() 可以一下生成 3 个数列，但现在我们只取倒序数列来做测试，取 1000~1 的倒序数列，代码如下。

代码 16-14

```python
_, _, arr_reverse = generate_test_data(1, 1000)
```

代码中有下画线，这也是 Python 语言的一个特色，用下画线来占位，占了前两个位置，才能把 generate_test_data() 生成的第三个数列返回给 arr_reverse 变量。

代码 16-15

```python
qsort_recursion(arr_reverse, 0, len(arr_reverse) - 1)
print("sorted :", arr_reverse)
```

输出结果如下：

sorted arr_reverse: [1, 2, 3, ... , 1000]

排序是完全正确的。

又见超过最大递归深度错误

如果把倒序数列再进行扩大，改成 1~2000，就会变成如下形式。

代码 16-16

```python
_, _, arr_reverse = generate_test_data(1, 2000)
qsort_recursion(arr_reverse, 0, len(arr_reverse) - 1)
print("sorted arrReverse:",arr_reverse)
```

结果运行出错，错误如下：

RecursionError: maximum recursion depth exceeded while calling a Python object

又超过了递归深度，这是因为是倒序，所以每次的轴选定之后都没有右区，只有左区，这样一直下去，2000 个待排数字需要递归的次数超过了调用深度最大限度，导致出错。

但是上面在排 1~1000 的倒序数列时得出了正确结果，当时没有出现超出递归深度最大限制的错误。那么，能够正确递归快速排序的最大长度倒序数列是多少？

通过多次尝试后可以发现，最大数列是 1~1496 的倒序，也就是说，一旦倒序数列长度达到 1497，就会出现递归深度不够的错误。

16.4.4 分区函数带来的差异

我们现在的 qsort_recursion() 函数调用的分区函数是 partition_v2()。但是，其实同样的递归方式快速排序程序，如果引用的是 partition() 而不是 partition_v2() 的话，能排序的倒序数列长度是不同的。不信我们来看下面的代码 16-17。

通过测试可知，用 qsort_recursion_v1() 函数为倒序数列排序时，只要倒序数列的长度达到 998 就会出现超过递归深度限制的错误。而 qsort_recursion_v2() 函数到了长度 1495 才会出错。

同样原理的递归式快速排序实现，仅仅因为分区函数的改变，就会导致在同样的递归限制下，一个只能处理 997 个数字的倒序数列，另一个可以处理 1494 个数字的倒序数列。这是为什么呢？

具体过程的不同可以通过添加在代码中的打印语句获得。

代码 16–17

```python
from Utilities import partition
from Utilities import partition_v2
from Utilities import generate_test_data


def qsort_recursion_v1(arr, low, high):
    if low >= high:
        return
    print("V1", low, high, arr)
    p = partition(arr, low, high)          # 调用新的分区函数
    qsort_recursion_v1(arr, low, p - 1)
    qsort_recursion_v1(arr, p + 1, high)
    return


def qsort_recursion_v2(arr, low, high):
    if low >= high:
        return
    print("V2", low, high, arr)
    p = partition_v2(arr, low, high)       # 调用新的分区函数
    qsort_recursion_v2(arr, low, p - 1)
    qsort_recursion_v2(arr, p + 1, high)

    return
```

我们先用比较小的数据（如 1~10 的倒序）对二者进行比较。

代码 16–18

```
start = 1
end = 10
_, _, arr_reverse = generate_test_data(start, end)
qsort_recursion_v1(arr_reverse, 0, len(arr_reverse) - 1)
print("\n-----\n")
_, _, arr_reverse = generate_test_data(start, end)
qsort_recursion_v2(arr_reverse, 0, len(arr_reverse) - 1)
```

输出结果如下。

```
V1 0 9 [10, 9, 8, 7, 6, 5, 4, 3, 2, 1]          -----
V1 0 8 [9, 8, 7, 6, 5, 4, 3, 2, 1, 10]
V1 0 7 [8, 7, 6, 5, 4, 3, 2, 1, 9, 10]          V2 0 9 [10, 9, 8, 7, 6, 5, 4, 3, 2, 1]
V1 0 6 [7, 6, 5, 4, 3, 2, 1, 8, 9, 10]          V2 0 8 [1, 9, 8, 7, 6, 5, 4, 3, 2, 10]
V1 0 5 [6, 5, 4, 3, 2, 1, 7, 8, 9, 10]          V2 1 8 [1, 8, 7, 6, 5, 4, 3, 2, 9, 10]
V1 0 4 [5, 4, 3, 2, 1, 6, 7, 8, 9, 10]          V2 1 6 [1, 2, 7, 6, 5, 4, 3, 8, 9, 10]
V1 0 3 [4, 3, 2, 1, 5, 6, 7, 8, 9, 10]          V2 2 6 [1, 2, 6, 5, 4, 3, 7, 8, 9, 10]
V1 0 2 [3, 2, 1, 4, 5, 6, 7, 8, 9, 10]          V2 2 4 [1, 2, 3, 5, 4, 6, 7, 8, 9, 10]
V1 0 1 [2, 1, 3, 4, 5, 6, 7, 8, 9, 10]          V2 3 4 [1, 2, 3, 4, 5, 6, 7, 8, 9, 10]
```

由此可以看出，同样是为 1~10 的倒排数列排序，qsort_recursion_v1() 函数被调用了 9 次，而 qsort_recursion_v2() 函数只被调用了 7 次。

如果我们把 end 变大，那么两者的区别也会变大。把 end 改成 20，qsort_recursion_v1() 函数会被调用 19 次，qsort_recursion_v2() 函数只被调用 13 次。

qsort_recursion_v1() 函数在给 997 个数字倒排数列时，就要被递归调用 996 次，而 qsort_recursion_v2() 函数则是到了 1494 个数字才会被调用 996 次。

造成这种差距的原因从上面两个函数的中间过程也能看出来，partition() 函数每次都是恰恰让一个元素"归位"，partition_v2() 函数却可能多移动一些数据（请仔细浏览上面的打印输出）。

由此可知，就算是相同的算法、相同的策略，实现细节不同，程序效果也会不同。

另外，递归这种"取巧"的策略虽然实现起来省事，但会受到额外的限制；迭代式的算法实现，虽然过程很麻烦，但适用范围更广。

第 17 章

算法精进

前面介绍了编程的基本知识和经典的查找算法、排序算法，这些内容从"掌握算法"的角度进行阐述，是自学算法的基础，但还远远不够。

17.1 如何算学会了一个算法

掌握到什么程度才算学会了一个算法？下面进行简单介绍。

17.1.1 以二分查找为例了解"掌握算法的几个层次"

掌握算法的几个层次

前面介绍了学习一个算法的几个层次：听说→了解→理解→实现→应用。

下面以经典二分查找算法为例，让我们来看看这几个层次在实际应用中是什么样的。

第 1 层：听说

知道有一个算法叫作二分查找，知道这个算法的目的是在一个**有序的**序列中找到目标数所在的位置，或者确认其不在该序列中。

第 2 层：了解

了解二分查找的**基本原理**，能够用自然语言描述算法运行的过程。

知道二分查找和顺序查找的不同之处——不是"挨着找"，而是"跳着找"，并且每次跳一半儿，所以也叫**折半查找**。

因为跳跃的缘故，所以很多元素的数据值根本没有被读取过，如果要保证查找结果的正确性，那么就必须是一个有序的数组。

二分查找的**优点**是快，但无法处理数列无序的情况。

第3层：理解

具备基本的数据结构知识，掌握最基础的序列结构——数组，并且知道二分查找所采用的数据结构就是逻辑上的数组。

知道二分查找算法是在一个承载了有序数列的逻辑数组上寻找目标数的过程。

面对一个具体的待查数组和目标数，可以人肉模拟计算机，实现算法（按如图17-1所示的形式在数列中寻找"51"）。

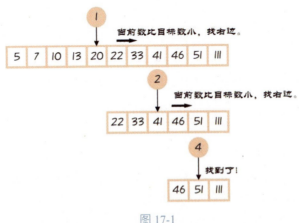

图 17-1

知道二分查找的时间复杂度是 $O(\log(n))$，以及为什么。

第4层：实现

能够在没有任何外界信息提示的情况下，绘制详细到变量层面的算法流程图。

可以用 Python（或任何其他）语言正确无误地实现经典二分查找。

第5层：应用

这个层面包含以下两部分内容：

- 在掌握经典二分查找的基础上，能够自己推导出二分查找的几种变形算法，如前面介绍的包含重复元素的二分查找和旋转数列的二分查找。
- 理论联系实际，能够根据现实中遇到的相应问题准确判断出应该用二分查找，并针对当时的情况对算法进行相应的变形。

17.1.2 依据掌握的知识解决问题

下面这道题是第5层第二重含义的一个例子。

题目 实现一个函数，满足如下要求：输入是一个正整数；输出也是一个正整数；输出值是与输入值的平方根距离最近的那个整数；在整个函数中只能使用加、减、乘、除运算，而不能使用开平方函数；算法时间复杂度要尽量小。

上述这道题要求我们写一个函数，函数的四要素除了函数体，其他 3 个要素都很好解决。

- 函数名：函数名最好能够简洁地反映功能，由第三个**要求可知**，这个函数的作用是求离输入值的平方根距离最近的整数，所以可以将其命名为 closest_sqrt(最接近平方根的)。
- 参数：**第一个要求提及**，输入是一个正整数，所以参数列表是一个整型参数 n。
- 返回值：返回值也是一个正整数。因为返回值是在函数体中实现的，所以可以和函数体一起介绍。
- 函数体：函数体就是实现函数功能的具体逻辑。在这个函数中要做的是求一个整数的平方根。

但按照**第四个要求**，又不能直接开平方，那么应该如何做？

既然要求返回值是距离输入的正整数平方根最近的那个整数，那么最笨的方法就是从 1 开始试，分别用 1, 2, 3, ⋯, n 各个数字和自己相乘，然后看这些数字的平方与输入参数 n 的关系。

- 如果某个数字的平方正好等于 n，那么它就是我们要找的输出，直接返回它。
- 如果某个数字的平方小于 n，但是它加上 1 之后的平方大于 n，就说明 n 的平方根是一个位于当前这个数字和比它大 1 的整数之间的一个小数。

此时就要判断：当前数字和比它大 1 的那个整数，谁的平方距离 n 最近，然后返回更靠近的那个数。

大致思路就是这样，我们可以一个接一个数字试，看它是否满足前述条件，但是我们是在正整数数列中查找，这个数列是天然有序的。

在有序数列中查找没有必要用顺序查找算法，因为用二分查找时间复杂度小得多。

于是，就有了下面这个函数。

代码 17-1

```python
def closest_sqrt(n):
    if n <= 0:
        print("input number is not invalid")
        return -1
    low = 1
    high = n
    while low <= high:
        m = int((high - low) / 2) + low
        if m * m == n:
            return m
        elif m * m < n < (m + 1) * (m + 1):
            if n - m * m > (m + 1) * (m + 1) - n:
                return m + 1
```

```
            else:
                return m
        else:
            if m * m > n:
                high = m - 1
            else:
                low = m + 1
    return -1
```

调用该函数，代码如下。

代码 17-2

```
for i in range(1, 101):
    print(i, closest_sqrt(i))
```

综上，closest_sqrt() 函数的结构和经典二分查找算法非常接近，主要差别体现在判断条件上。本题就是对二分查找算法的实际应用。

17.1.3　学习算法的误区

有些读者在学习算法流程图或看到算法代码示例后，采用强行背诵的方法，将流程图或源代码死记硬背下来。这样，无论是重画经典算法流程图，还是直接用 Python 语言编写经典算法的实现代码都能完成。

如此，看起来好像到了第 4 层的程度。其实，他们对于其中每个步骤的含义并不理解，一旦对记住的部分有稍许遗忘，就无法独立完成代码。

在这种情况下，其真实水平可能还达不到第 3 层。

读者在自己学习时一定要避免这种状况，不要刻意背诵算法流程，而是先搞清楚原理，然后逐步推导出流程，最后从流程对应到代码。

17.2　学会之后——创新

掌握程度到了**第 5 层**，能够变形和熟练运用后，就算**学会了一个算法**。

在学会之后，还可以更进一步，就是**优化（改进）算法和发明算法**（见图 17-2）。

先是微创新：在现有算法的基础上对其进一步优化，以扩展功能，或者降低时间或空间复杂度。

再进一步是全面创新：发明新的算法。

其实何止算法，任何知识、技术，从接纳到创新的发展阶段大抵如此。

图 17-2

17.3 如何自学算法

应该如何自学算法？

17.3.1 自学三要素

不只是自学算法，其实自学任何东西都涉及三大要素：

- 学习目标。学习目标包括两个维度：一是要学习的内容；二是对目标内容计划掌握的深度。根据目标，我们可以制订学习计划。
- 学习方法。在抽象层面，各领域的学习方法都差不多，无外乎由理论到实践。但在不同领域中，理论所占的比重不同，理论和实践的关系也不尽相同。有些东西（如艺术、体育）的理论与实践相对分离，实践部分占比极大，而实践条件又受到重重限制，自学难度很大。幸运的是，编程和算法并非此种。作为以"书本知识"为主的领域，计算机编程／算法其实很适合自学，只要用心且方法掌握得当，相信大家都能通过自学取得进步。
- 具体执行。有了计划和方法，还要认真执行才能有所收获。

前两个要素会通过讲解为读者提供具体的建议。

唯有学习方法，无论学什么，"执行"都是说起来容易做起来难。在今后自学算法的道路上，只能依赖大家的自觉性。

17.3.2 学习材料和内容

既然要自学，学什么，当然就要自己决定。

说起来是一个**悖论**——自学最难的是自己制定学习框架，如果要使某个领域的知识框架有效且高效，需要对相应领域有相当深入的理解才行；但在学习之前，应如何深度掌握对应领域？

对于这个悖论，我们可以借助外力来解决，最简单的方法就是，找一本**经典**的算法**书籍**作为**自学的底本**。在此推荐《算法导论》（*Introduction to Algorithm*），作为大家进一步自学的依据。

除了书籍，还有一些视频课程可供读者借鉴。

如果读者的英语比较好，也可以看 MIT 的算法导论课程（MIT Course Number 6.006），或者哈佛大学的在线课程（CS 97SI: Introduction to Programming Contests）。

17.3.3 学习目的和深度

现在资讯十分发达，要学习的又是互联网原生的计算机领域知识，几乎可以说任何资料都能找得到。学什么，用什么样的资料来学，都不是问题。真正的问题是要学到什么深度。

笔者的**建议**是，对于核心经典算法应达到如下水平。

- 至少达到**第 4 层（实现）**——能够用编程语言编写无逻辑错误的算法实现。
- 最好达到**第 5 层（应用）**——能够在解决实际问题时应用算法，也就是可以很自然地应对原算法的变形、变换，以及针对现实问题的抽象。

如果对一个算法的掌握是在**第 3 层（理解）**或更低，则既不能运用其进行实战，也无法锻炼思维能力。深度不够，充其量只能作为谈资。

当然，很多算法都有一定的难度，可能掌握起来没有那么容易，也没有那么快。俗话说，不怕千招会，就怕一招熟。所以，我们应该从最简单的开始，由浅到深，各个击破，掌握一个再学下一个，不要贪多嚼不烂。

17.3.4 学习方法

既然我们的学习诉求是对所学算法至少达到第 4 层的掌握程度，那么，**阅读其他人写的算法代码是必需的。**

就算我们根据自然语言描述能自己写出一个算法并且运行结果正确，也有必要找对应算法的经典实现与自己写的代码进行对比，看看有什么不同。更何况，很多时候，自己还写不出来。

代码往往看起来没有文字那么舒适，同时结构和一般自然语言相异，乍看起来很难。因此，阅读代码的方法是很重要的。

17.3.5　如何阅读代码

读一个函数/代码块

其实，前面我们对如何阅读理解一个程序中的函数或代码块已经介绍了很多。可以用"人肉计算机"法自己拟定一个测试数据，人肉运行一遍；还可以用打印解读法辅助，在程序中加入打印语句，打印变量的中间结果。

这个方法对所有程序都是通用的。但是如果程序稍大，涉及的函数不止一个，并且函数之间有了嵌套调用的关系，那么只靠模拟运行就很难了。

基于代码结构理解代码功能

阅读代码，需要先构造出代码的结构，然后基于结构理解其功能，具体的做法分为如下 3 个步骤：

（1）从程序入口开始，推导出其中函数的层层调用过程。

（2）从最小粒度的函数（我们姑且认为函数体中调用其他自定义函数越少的函数粒度越小）开始，搞清楚每个函数具体的功能和时空复杂度。

（3）层层递进，逐步推导出全局的完整过程和整体时空复杂度。

边看边学编程语言

在阅读过程中可能会看到一些自己完全不明白的程序语句：可能是之前没有见过的关键字；也可能是该语句中调用了某个之前不知道的 Python 内置函数或从其他支持库 import 进来的函数；还可能是某种表达方式之前没有见过……遇到这些情况应该怎么办？

当然，如果读者习惯买一本 Python 方面的入门书籍，然后一点点阅读每个章节，并且把读过的内容都记下来，那么应该没有 Python 方面的语言问题。

或者，就算记性不是那么好，但通过通读有了大概的印象，看到一个编程语言的问题知道去哪里查找，那么到一本书（纸质版或电子版）中去寻找答案就是一个不错的方法。

如果读者没有耐心从头读一本书，也可以依靠搜索引擎来学习编程语言中看不懂的语句。

17.3.6　练习与实践

"读"是"学","练"是"习"。无论什么知识,"学而时习之"才是王道。算法也是如此。

即使是二分查找这样简单的算法——原理不过是一句话,代码只有一重循环,全部程序总共也没有几行——如果没有反复练习,很快也会忘记实现细节。就算反复背诵强行记住,稍有变形也会无法应付。在解决现实问题时就更难应用了。

边学边练,一学九练,才能真正做到"掌握"。

具体的练习方法可以从重写他人的实现开始——不是照着抄,而是读了其他人的代码之后将过程抽象成步骤,自己"咀嚼""消化"后,再重新实现一遍。

经过一段时间的学习,有了一定的算法"感觉"之后,可以先不看其他人的代码,自己对照自然语言描述的原理或步骤实现程序,然后与经典实现做对比,发现不同之处,总结差距。如此反复,才是实实在在的提高之道。

在经典算法实现之外,还可以通过做一些练习题来考查、练习自己的逻辑思维能力和算法运用能力。

现在有很多网站(如 LeetCode)都提供题目、测试数据集和其他人的解决方案,在这些网站上刷题也是一个不错的练习方法。

17.4　说说刷题

什么是刷算法题的正确方法?

这个问题的起源是一个小妹妹问笔者:听说到 LeetCode 等网站上刷算法题能够迅速提高算法能力,从而应付面试。可是现在 LeetCode 上有 1000 多道题,我们不可能把所有题目的解法都背下来吧?要如何使用才能提高刷题效率?

首先必须承认,确实大部分面试都会考查面试者的算法和编程能力。这类考查最直接的办法就是面试官给出一个问题,让面试者当场编码解决。

针对这种情况,刷题当然是有用的——就像中考、高考等考试的刷题一样有用。但是,**刷题绝不等于背题。**

正确使用 LeetCode 网站的步骤如下:

(1)找到要刷的题。

(2)在线编码。

(3)在线运行,若有错就修改;若功能正确则再确认自己提供的算法在时空消耗上所处的位置，看看是否优于所有同一问题成功运行算法的平均值等。

题的解法和实现是要自己想、自己写的，不是背其他人的结果。

能够想出解法的基础，是对数据结构和基础经典算法的掌握。

先把经典算法学会、学通，把算法的"马步"扎好，最基本的拳招、步法练到精熟；然后去套招（刷题）。如此练习，才可能有实战的能力。

如果连桩都站不稳，直拳、勾拳都分不清楚，就背其他人的招式，就算勉强记下来，对手略有变化，自己就会鼻青脸肿。